開始清理，好事會發生

改變周圍氣場的環境整理術

get lucky!

簡佳璽／著

清理，一場溫柔又偉大的內在革命

清理不是一個人的事，它就像我們的情緒，會渲染會擴散給你周遭的朋友。

在寫這本書的過程中，我發現周圍人們的清理態度發生很大的變化。平日不太願意打掃清理的家人，也逐漸開始動起來，主動整理自己的書籍，整理衣櫃、檢查過度堆積的櫥櫃、清除堆積在地面的紙箱與物品。

幾乎每隔幾天，就會有朋友對我說，他正在整理自己家中的儲藏間。在社群網站上，時不時就看到友人貼出清理辦公室或居家空間的照片或是有朋友轉貼「斷捨離」的文章，表示自己也要積極效法。

而完成本書後，我的朋友圈內不約而同的掀起了一陣奇妙的清理潮。以下是幾個想與您分享的案例：

一、一位平常不愛整理家務的學生宣告他開始將自家的儲藏室清理一番。

二、經營兩家禮品店的閨密好友，在二年前收掉公司專心照顧生病的家人。在母親過世後，一直無心整理堆放在倉庫中的物品。然而最近她打電話給我，告訴我她開始出現一點點勇氣，開始鼓起勇氣去將部份的物品打包，送給需要的人。

三、好同學在臉書上面宣布，她準備清理女兒的玩具與存放多年的雜貨小物。她有點感傷的表示，玩具是她目睹小孩成長的紀念物，要丟棄很捨不得，所以就一直堆放著。還有女兒從小玩的芭比娃娃，她也都保留完好。然而她說，既然要斷捨離，就徹底一點吧！她跟女兒都已經將玩具的美好留在心裡了，記憶是永遠不會抹滅的，既然如此，就將玩具捐贈給更需要的人們吧！

四、以前的一位同事說她家的衣櫃層架崩塌下來了，堆放的物品與衣物紛紛掉落下來，層層堆疊，伴隨著崩塌的層架脆裂物，形成一場災難。但她非常樂觀的說「這也好，讓她終於可以去正視衣櫃過滿的問題」，能好好開始去清理衣物，整理不再需要的衣物。

五、另一位好友表示，要清理久不聯繫的朋友圈，準備要將不怎麼聯繫、頻率不來電的朋友通訊錄進行瘦身，並準備大刪臉書上的臉友。因爲朋友名單太多，泛泛之交與點頭之交，或因爲生意的社交之交太過氾濫，對生活形成困擾。她說刪除那些不適合的朋友或少來往的朋友，可以讓生活變得更簡單、更充實。也能與原本知心、頻率相符的朋友好好交流。

六、學姊說她最近將居家空間進行清理。她清理了許多舊物與紀念品，包括過去看的雜誌、資料與孩子的舊課本與筆記，通通將之回收或捨棄。學姊說生活中需要的用品其實眞的不多，很多東西都是可有可無，沒有還是能照樣過日子。

是的，清理就是打開新生活的起點！

我們無法改變他人的想法與習性，但是透過自身的改變，周圍親近的人也會開始動起來喔！

生活中出現某些「狀況」或不適的大小事件，都是一個美好的提醒。提醒我們有需要處理的課題，或去正視喜歡延誤拖延的習性。當我們能夠去面對處理這些狀況與事件，從而清理與整頓，我們就能超越事件帶來的不適，愉快地在新生活啓程。

那是我們靈魂溫柔又強大的提醒，讓我們明白，透過清理外在環境，能幫助我們清除內在頑固不靈的陳舊信念。

微妙的地方就在於，堆積的部位移除後，自己的內在彷彿也注入嶄新的空氣，陽光也能照射進來。消極想法跟著正面積極起來，於是所有的事情都開始往好的方向發展。

回想我內在覺醒的開始，也是從清理的行動啓程的。

確實，每當碰到重大挫折，覺得痛苦至極，體悟到「這樣下去不行、必須做一個重大的改革」時，內在就會有一種聲音，溫柔的敦促自己要「去整理、去整理、去整理」。

清理可說是我人生中重要的工作。

每當我碰到心情低落、覺得事情推不動時，或為某事感到憤怒悲傷時，我都會不由自主地開始清理我的環境。

無論是整理堆積的抽屜、清理過度堆放的書架、檢查衣櫃、或放置紀念物品的櫃子都好，我的「清理雷達」會不斷的偵測各處。

必定是有某處的堆積，導致外在世界也出現了障礙。

當我清理完畢，看到空間中一塵不染、物品井然有序的陳列，所有事物光潔整齊在眼前展開時，心情也會跟著喜悅振奮起來。

這時我會深切相信，我的外在世界也會井然有序、風和日麗的如實開展。

而在這本書進行的過程中，我自己本身也經歷了一場深度的內在清理。

隨著書稿的進行，許多深埋在內心，平日覺察不到的消極想法與念頭，紛紛跳出來讓我看到，迫使我去面對與處理。

原本很不願意面對的深藏憤怒，隨著書本的完成一一跳出來。

無論是與家人相處、朋友間的累積不滿，對工作的壓抑情緒全部都爆發出來。
平日對於家人的不滿，不願表達出來的情緒，原本都收藏得好好的。
因爲怕說出來，會引起他人不高興，或是爲了表面的和諧（或想當好人），避免引爆任何的衝突。
那種害怕衝突的恐懼，終究也在清理的強勁力道中引爆出來。

整個夏天，我爆發了許多場與家人間的大小衝突。
從雞毛蒜皮的小事、不滿長期被當作情緒垃圾桶般的對待、乃至於種種家族關係的對立戲劇，
將心中的不滿與憤怒全部表達出來，
進行一場史上最徹底的清理。
大聲哭泣、痛快地大聲吶喊、激烈的爭吵，
全部都在這個夏天上演。

當這本書完成時，是我重新擦亮身心的日子，因爲我完成一場又一場深層的內在清理。

許多深埋內心的情緒、頑固的想法、根深蒂固的僵化念頭，都隨著這本書的清理力道一一浮現。

確切來說，這本書也清理著我。

如果我們內在有沒有處理的情緒、不願意改變的頑固想法、消極的心態，不願意去正視它，那麼這些想法往往就會在我們的生活各處形成阻礙。

特別是壓抑的情緒，堆積越多，便會成爲毒素。具體來說，清理就是積極清掃生活中的障礙。

零阻塞的空間，就會創造無障礙的人生！

我由衷邀請您，來看看這本書。

跟著書中的節奏，一起來檢視居家生活中的阻塞吧！

無論是順應內在有感應的章節來清理，或跟著章節的安排來逐次清理，都一定會產生微妙的效果。

無論如何，只要你跟著書中的步驟動起來，你一定能感覺到改變的風在生活中吹起。相信你也會發現清理的奇妙力量，讓清理的魔法在你的生活中發生，成爲扭轉障礙的神奇工具！

如何使用這本書

一、按部就班，按照書中我所設計的章節，從頭讀一遍。

二、接著找出這些章節中，你最有共鳴的章節，開始著手制定實踐計畫。通常有共鳴的章節，往往就是你最需要處理的部分，信任它並開始進行吧！

三、往後可以在生活中，將本書當作參考事典，碰到各個區塊或空間需要整頓時，翻到那個篇章，找出最適合你的清理方式，著手進行實踐。

四、最後希望你把這本書讀完，然後開始實踐、實踐、實踐你的清理生活！

目錄

作者序 清理，一場溫柔又偉大的內在革命 002

Part 1 開始新生活，認識清理的重要性 017

Chapter 1 檢查你的「需要清理指數」 018

Chapter 2 清理的重要性 023

為什麼要清理？ 023

何時需要清理 027

阻礙清理的原因：為何大多數人不清理 030

如何開始清理：勇氣，決心，行動力 032

Part 2

身心健康，從居住空間開始清理！ 035

Chapter 1 臥房
雜亂的床鋪 036
臥房到處堆滿物品 038
髒亂的臥房與化妝儀容空間 041

Chapter 2 浴室
積水或漏水的浴室 044
浴室到處髒汙 049
堆滿物品的浴室 050

Chapter 3 廚房
髒污的水槽 054
充滿污垢的瓦斯爐 056
油垢髒污的砧板、流理台、米缸、調理工具 060
混亂的冰箱 061

吃剩的食物、未處理的廚餘垃圾 075

Chapter 4 衣櫃 079

衣櫃塞得滿滿，經常找不到衣服 080
衣櫃沒有換季 083
沒有清洗衣物就直接塞入衣櫃 086
家中各處都是臨時衣櫃 089
喜歡囤積舊衣 092
大量買衣服的購物狂 095

Chapter 5 抽屜，鞋櫃，置物櫃 098

堆滿雜物的抽屜 099
滿佈舊日紀念物的廚櫃 103
塞爆生活備用品的廚櫃 106
雜亂的鞋櫃 109

Chapter 6 客廳與餐廳 113

客廳沙發與茶几，地板堆滿物品 115

沒有清掃，缺乏空氣流通的客廳 119
餐桌上堆滿物品 123
不乾淨的餐廳 127

Chapter 7 工作間與辦公室 000
辦公桌堆積文件 129
雜亂的文件櫃與陳舊的資料 133
亂塞的書櫃 144
雜亂的電腦資料 145

Part 3 好命的生活，從行程瘦身開始！ 143

Chapter 1 行程表與時間 144
總是滿滿的行程表 145
花費大量時間看電視與八卦報章 148

Chapter 2 整頓你的人際關係 151
應酬與飯局滿檔 152
每日花很多時間講電話 156
隨時掛在社交媒體上 159
有很多八卦聊是非的朋友圈 162

Chapter 3 清理購物人生 165
信用卡很多 166
購物狂 170
皮夾與皮包塞爆 173

Part 4 好事會發生，身心靈的清理術！ 177

Chapter 1 清理你的身體 178
含糖飲料、油炸飲食與加工食品的飲食方式 180

吃太多、暴飲暴食 182
肉食主義 184
過度依賴咖啡因飲品 187

Chapter 2 心靈：開始每日小清理 190
使用芳香 192
曬太陽 197
點亮心情的色彩魔法 200
大自然散步 202
淨化身心鹽泡澡 204
運動的魔力 206
接觸美的事物 208
大笑的魔法 210
讓自己感動 213

Chapter 3 結語：清理有甚麼積極的效果？ 214
附錄一：環境與身體的關係 217
附錄二：精油的使用訣竅 221

Part 1

展開新生活，認識清理的重要性

Chapter 1 檢查你的「需要清理指數」

你的人生需要清理嗎？回答以下的問題，了解你「需要清理的指數」有多高！

一、長期以來有便秘的困擾。
二、長期有肩膀痠痛的問題。
三、經常感覺口乾舌燥。
四、對自己的生活現狀不滿。
五、脾氣暴躁、動不動就發怒。
六、常常消化不良。
七、經常對自己不滿意。
八、經常感覺疲勞、精神倦怠。
九、辦公桌面很亂，上面堆滿雜物與文件。
十、經常找不到東西，總是花很多時間在找東西。

十一、家中的地板堆滿雜物。
十二、家裡的沙發上堆滿衣服。
十三、體型超重、身材走樣。
十四、女性經常有生理不順、女人病的狀況。
十五、有嚴重的水腫現象。
十六、喜歡吃肉，很少吃蔬菜水果。
十七、人際關係受挫，疲於應付人際關係。
十八、容易感覺沮喪。
十九、對工作提不起勁，做事缺乏活力。
二十、經常意志消沉。
二十一、下班喜歡與好友或同事聚在一起聊八卦。
二十二、有很多姊妹淘或兄弟幫，經常聚在一起互吐苦水。
二十三、週末假日經常暴飲暴食，大吃大喝無所節制。
二十四、喜歡重口味與油炸的食物。

二十五、下班後喜歡窩在沙發看電視綜藝節目或政論節目。
二十六、經常看八卦報導或節目，喜歡聊名人的八卦是非。
二十七、喜歡下班與朋友講電話或手機，一講就沒完沒了。
二十八、親密關係不順，付出與回報經常不成比例。
二十九、經常碰到爛桃花。
三十、睡眠品質很差、睡眠淺。
三十一、主管常找你麻煩，與主管的關係不和諧。
三十二、常常與身邊的人爆發口角衝突。
三十三、覺得自己特別倒楣，許多霉運經常找上門。
三十四、經常將抱怨掛在嘴邊。
三十五、常常感覺很煩悶。
三十六、很健忘，常常忘東忘西。
三十七、工作事倍功半，花很多時間工作，卻效果有限。
三十八、很少喝水。

三十九、超過半年以上沒有整理居家。
四十、一年只做一次大掃除。
四十一、做事經常拖延，行動力缺乏。
四十二、與人赴約經常遲到。
四十三、到了假日就懶洋洋，窩在家中睡覺，懶得出門。
四十四、早晨經常起不來，上班經常遲到。
四十五、總是覺得壓力很大，想要逃避。
四十六、每天總是匆匆忙忙，像陀螺一樣疲於奔命。
四十七、沒有運動的習慣。
四十八、經常感覺自己是受害者。

「需要清理的指數」你得幾分？

有勾選就得一分，計算一下，這個測試你得到多少分數呢？然後看下表的評分結果吧！

一、0-10 分　還不錯，你的生活與工作掌握得宜，阻塞很少。恭喜你，請繼續保持！

二、11-20 分　需要留意，生活某些部分可能出現阻塞，請逐步開始進行清理吧，加油！

三、21-40 分　生活中卡住的部分越來越多，須留意家中與公司的環境，可能有較大範圍的堆積與雜亂現象。選擇一個週末，開始有計畫的清理！

四、40 分以上　目前生活各方面充滿嚴重阻塞，爲避免內心毒素逐漸蔓延，需要立即開始大清掃！

如果你的「需要清理指數」越高，代表此時你的人生需要徹頭徹尾地好好清理一番。

你其實並不用擔心，只要調整心態，改變生活方式，扭轉觀念，開始學習清理的知識，並徹底拿出清理的行動力，相信你也能改變自己的人生。

Chapter 2 清理的重要性

為什麼要清理？

上一次清掃家中是什麼時候呢？你有定期打掃的習慣嗎？

你有亂塞東西的惡習嗎？檢查一下你的家中，是整潔乾淨的狀態嗎？

平常忙得沒有時間清理嗎？

太忙是大多數人不清理的藉口。任由每天的日常瑣事綑綁，沒能有足夠時間來整理家務。

同時，大多數人也覺得比起那些更偉大的事業來相比，整理居家是微不足道的小事。

不清理的人生是消極的人生。

清理與整理是一件非常重要的心靈工作。

無論是外在環境的清理，還是內在情緒的打掃，都同等重要。

整理環境，將堆積的陳年物品進行歸納分類，將不需要的送出去或捐贈給其他人。透過這麼做，我們爲空間騰出一個嶄新的容納場所，於是新的事物與機遇得以進來。

如果生活中有很多事情進行不順，不管是人際關係，還是正在進行的工作碰到諸多問題，我們都應該返回內在來進行清理。因爲外在世界就是內在世界的反應，你唯有改變與清掃自己的心，才能改變外在的環境。

打掃與整理環境確實是敦促內在改變的一個好方式。因爲外在的雜亂，正反映內在的如實樣態。

當我們看到堆積如山的文件，代表我們對於工作的想法也十分紊亂。紊亂的想法將無法創造積極有效的行動方案，於是帶給你遲滯與停頓不前的工作狀態。

若衣櫃亂塞得滿滿的、要找的衣服總是找不到，代表擁有紊亂的消化系統、代謝力可能出現狀況。

你可能在日常生活中總是囫圇吞棗的進食卻難以消化，甚至有嚴重的便秘症狀。那是因爲阻塞在身體內部發生了！

阻塞是萬病之源，髒污也一樣，是阻礙環境與人的障礙。

如果家中已經很久沒有打掃，到處堆滿灰塵，每個地方都堆放物品，代表我們對於生活欠缺積極的心態。我們有消極的念頭，於是任由物品堆積，灰塵孳生，或許深陷在過去的不如意或失敗陰影，而不願走出來。

屋子滿佈髒污，代表人生也滿佈髒汙，困難阻礙重重！

打掃並不僅僅是在清理過去，它更有爲新的未來創造一個空間的積極意義。

如果沒有經常打掃與清理，新的機會、新事物、新戀情是不會進來的，因爲它沒有容身之地。

清理與我們的人生有關，也與我們的運氣有關。

如果在現實生活中總是碰到不如意，無論是感情、健康、事業、財務，都可以透過積極的清理與清掃居住環境與辦公環境，來幫助釋放負面能量。

將不再適合的舊模式與舊能量清理乾淨，由此感到嶄新無比，整個人也會恢復活力。

外在世界永遠反映我們的內在狀態，永遠記得這點。

當我們看到外在環境感覺舒服、滿意、乾淨、清爽時，明白那是因爲內在的心也正變得舒服、滿意、乾淨、清爽。

唯有乾淨清爽的心，才能爲我們締造滿滿正面能量的好運。

持續檢視，保持清理與潔淨的習慣。

釋放自己的舊有模式，就是如此簡單。

清理與打掃，爲未來的好事創造新的空間，你會獲得滿滿的收穫！

何時需要清理

任何時候都是清理的好時機。而生活中有許多重要的清理時機，特別值得在此強調。

人生卡住的時候，特別需要清理！

每當碰到不如意、挫折，生活或工作中出現卡住的情況，就是進行清理的好時機。

若發現你竟不自覺的在自己的周遭堆積東西，就代表我們內在有怠惰的因子。它是消極的能量，也會成爲我們邁向康莊大道的阻力。

心情不好時就是清理的時機！

當我們陷入低潮時，也是清掃的時機。

清掃能夠幫助我們掃除室內的髒污，同時也清空大腦的雜訊。讓那些紛亂的想法停止清空，使人專注在清掃上。

由於清掃會使人耗費體能，甚至流汗，清理的過程也就是在整理我們的想法，使髒污浮現。

清理能幫助你更新與修復心情，使心情變好的最佳方法，就是清理打掃。打掃完畢一定會改變心情。

壓力大時更要清理！

壓力來襲時，必定要養成清理的習慣。人生中或許有千百種抒壓的好方，而清掃絕對是最積極的一種。藉由清掃，讓整個人的焦點轉移，只投入在掃除工作中。清理能轉換壓力，且清空煩惱。越清掃人的狀態越會輕鬆。每一次清理完畢，必然會感覺身心舒坦、心變得透明乾淨，宛如經歷一場洗滌。

年終一定要清理！

一年走到了最後一季時，如果想要在來年迎接新的局面，那麼在這時進行清理，來一場斷捨離實屬必要。

無論一整年有多少不如意、多少痛苦的回憶、是榮耀或失敗，一切都已經不再重要。年終時分是清理舊物與舊回憶的好時機，把一切不再支持你的舊事物清掃乾淨。

脾氣暴躁的人，從清理中調整情緒！

脾氣很壞的人，通常性子也很急躁。要他們耐住性子去整理東西，可說是艱難的事情。

然而清理就是心的修行。如果希望讓自己的脾氣改好，成爲一個更有耐性的人，就需要透過清掃來安定自己的心。

雖然這並不容易，不過，如果因爲脾氣暴躁而踢到很多鐵板，自然會願意緩慢下來進行調整。

清理與打掃就是逼迫自己緩慢下來，讓心清靜的好方法。

阻礙清理的原因：為何大多數人不清理

念舊，活在回憶中。

許多人不清理，是基於戀舊。

寫過的紙條、卡片、寫過的每一本筆記本、明信片、從小到大所書寫的日記本、每一個階段工作寫下的工作日誌、每一個階段人際往返的信件、所交換的每一張名片……總是完好無缺的收妥收藏。

無法割捨的東西越積越多，原本以爲這些舊物在日後一定會有再打開來回憶溫習的機會。但最後卻發現從來沒有打開來看過或溫習過任何一件舊物，它們只是在時間中不斷堆積，早已經在儲藏空間形成負擔。

如果收藏東西並不是爲了當下使用，而是爲了「或許某一天會派上用場」或「說不定有一天會打開來看」等理由，那麼代表這物品其實已經喪失存在的意義。

如果抽屜或櫃子裡，堆積的舊物比經常需要使用的東西要多，那麼代表我們生活中有許多未經清理的舊課題，很難以邁出新的步伐。

害怕面對改變。

人的內在有害怕改變的執念，這是內在的小我作祟，總是固守於舊事物，不願意丟棄。

固執於留守陳舊的物品，代表我們對於舊模式不願放手，也象徵著內在對於嘗試新事物的恐懼與保守態度。

人的內在也有惰性的一面。內在小我總是喜歡拖延、希望擱置，喜歡爲自己找藉口。堆積這個行爲，就是小我徹底張揚的表現。東西隨意堆積在桌面與地上，日子久了，堆積如山的物品既阻擋行走動線，也影響好運氣的流動。

猶豫不決，缺乏勇氣與決心。

堆積如山的物品代表我們內在缺乏行動力。

無法對堆積如山的物品拿出清掃的決斷力，表示我們思慮過多但行動太少，對於過去緊抱不放，或經常懊悔自己所做過的決定。常常傷春悲秋，對於各種事情都拿不出決定，覺得自己生不逢時，缺乏足夠的勇氣與決心。

如何開始清理：勇氣、決心、行動力

如果你不知道該從哪個地方開始清理，建議就先從堆積在櫃子中的陳年舊物開始整理吧！

人事更迭、世事變化如此大，過去認爲是寶物的物品，而今往往只能稱之爲廢紙一張。

既然人必須活在當下，那麼就有必要充滿勇氣、拿出決心，將無法滋養當下的物品全數處理掉。

是的，整理舊物需要勇氣與決心，它更需要果決的行動力。

不妨將清掃舊物視爲生活中的一個儀式。

設立一個固定清理的時間。每週、每月、每半年規劃一場清掃，將它們記在你的行事曆中，藉由設立固定的時間，揭示自己的決心。

如果能夠記在手機中，讓它來提醒你也很棒。

看到自己每週、每月或每半年都有一個深度的清理日，感覺就像是在迎接一場深度的SPA，讓它成為固定的日子，讓自己無論如何都要排除萬難來實踐它。

正因為清掃不容易徹底貫徹，為了這一天的到來，有所準備是必要的。你可以在清掃的時候，讓自己充滿美好的頻率。為自己挑選一些最喜歡的音樂，成為清掃日的背景音樂。

打開音樂，讓流暢的高能量充滿空間。美好的音樂能帶給我們好心情，遂而展現支持的力量，使我們專注於清理、斬斷猶豫不決的念頭，將不必要的東西清掃乾淨。

你也可以事先為自己打一大杯蔬果汁，一邊喝蔬果汁一邊聽音樂和一邊清理。蔬果汁的排毒力道，加上音樂的平撫心情效果，會幫助你擁有很好的情緒來進行清理。（如果能在這一天配合輕斷食，效果更好喔！）

檢查有哪些東西需要清理，將需要丟棄的東西轉送，或送到資源回收中心。將固定清理的行動，看做是清掃人生髒污的重要儀式。

如果你開始這麼做，你會逐漸喜歡上清理帶來的效果，別輕忽它的清理效力。

選擇一個週末時間，徹底執行吧！

你會期待它、享受它、愛上它，從此與清理不離不棄！

讓我們從居家空間開始清理吧！

現在，環顧一下你的周遭環境，它們看起來如何呢？讓我們一間一間來檢視吧。

Part 2

身心健康，從居住空間開始清理！

Chapter 1 臥房

臥房是休憩睡眠的地方。

除了工作以外，人一生中大概花在臥房中睡眠的時間最長也最久。

臥房使人恢復疲勞，讓人休息調養。臥房與放鬆、調養的狀態有關。

臥房代表你有多少備用能源。

確切的來說，臥房就像是一個人的後花園，或者是備用電池。帶有儲備與蓄精的意義。

如果你總是靜不下來，總像一個陀螺，長期疲於奔命，經常蠟燭二頭燒，你需要好好檢視臥房的狀態，是否有雜亂傾向，讓你無法身心安頓。

若你的工作非常耗神，需要貯備大量體能、腦力與能量，那麼就不能不留意臥房的整齊打理。

如果您有長期失眠的症狀，長期無法好好睡一覺，你更需要特別照料臥房的品質，是否紛亂脫序，充滿各種干擾因素，以致於你無法放鬆入眠。

臥房帶有靜的力量。

相對於居家其他空間的外顯、公開、分享與動態等特質，臥房相對來說具有隱密與安靜的屬性。

所謂養精蓄銳，就是指一個人能好好靜下心來調養身心。人必須走動與活動，往外伸展；同時，人也需要往內自省，修復調養，與自己安靜相處，如此才能取得平衡。

安靜並非是消極的或不成長的。

安靜具有無比的力量。當一個人能夠花時間沉靜下來，就能修復自身的能量，同時沉澱紛亂的頭腦訊息。安靜使人能與內心相連對話，能夠安靜下來的人，往往能蓄積更強大力道，再出發時，可獲得它更強大的能量。

雜亂的床鋪

清理的好處

睡眠的床鋪是培育健康與安眠的基礎。

將床鋪打理乾淨，將雜物清除，爲睡眠創造一個安靜清幽的場所，讓身心好好休憩放鬆。干擾物質消除後，睡眠自然安穩得當。

清潔床鋪被單，也是積極的養生行動。清洗與更新被單，帶給睡眠舒適觸感，使你經常呼吸乾淨氣息，有助於提升健康狀態。

檢查一下你的床鋪是否整齊呢？

許多人很喜歡在床鋪上堆東西。書本、3C產品堆放在床上，收進來的衣服也順手堆在床上，就連各種不可能出現在床鋪的物品，如吃剩的零食包袋，也堆放在床上。

再看看被單與床單是否乾淨整潔呢？多久沒有清洗被單了？棉被是否沾滿灰塵呢？上一次更換被單是什麼時候呢？

雜亂的床鋪代表：容易失眠，健康狀況低下。

你的床鋪看起來像是大垃圾堆嗎？

許多人喜歡將床鋪當作是工作、吃飯、看電視與休閒的場所。所有物品都堆在床上，自然造成雜亂。

雜亂使人心浮氣噪，也成為干擾睡眠的因素。這意味：你可能在睡覺前一刻，都還在玩遊戲、使用電腦、看電視、吃東西。這些創造大量聲光訊息或刺激感官的活動，都在床鋪上進行時，一旦夜晚要睡覺時，往往神經會過於興奮，導致無法安眠。

人體會在睡眠中吸收床鋪的能量。沒有經常清潔的床鋪會影響人體健康。

我們在睡眠時會進行新陳代謝，汰舊產生各種老廢物質，同時也釋放出濕氣。

若沒有定期更換床單與清洗棉被，老廢物質與濕氣便在床鋪上堆積污垢。若在睡眠時持續吸收床鋪的低能量，容易導致健康狀況不佳，各種小病與不適症狀不斷。

清理的行動方案

一、每個月最少清洗一次被單。
二、每季至少更換一次被套與枕頭套。
三、每週使用除濕機為臥房進行除濕。
四、天氣晴朗時，將枕頭套與被單放在陽光下曝曬，吸收陽光的正面能量。
五、每天睡覺前檢查是否有堆積物，確認清除堆積物，保持床鋪整潔才上床入睡。
六、每週為床鋪進行整理，將不必要的堆積物品、不該出現在床鋪上的物品進行清理。
七、戒除在床上吃東西的習慣，徹底保持床鋪整潔。

臥房到處堆滿物品

清理的好處

零堆積的臥房，才能帶給你穩定的氣場，使人神閒氣定。

清出堆積的紙箱與物品，還給地板自由暢通的動線；留給臥房原本的自由空間。

你會發現往外追求都是多餘的，你能夠在自家空間中創造一個小天地，一個休憩安身的小宇宙。你會得到充分的修復與調養。

臥房裡是否有堆積滿滿物品的習慣？

不僅堆在床鋪上，就連地板、桌面都堆積大量物品？

書桌是否很久沒有多餘空間，買回來的物品沒有整理，一律堆在桌上。許多人的臥房甚至堆滿紙箱，乍看之下像是一個倉庫，而不是放鬆睡眠的安靜空間。

塞滿物品的臥房代表：靜不下來、焦慮、過度疲勞。

臥房是一個使人安靜下來休憩的空間，也是幫助一個人往內看，靜心覺察的心之場域。

在需要靜的空間中堆滿物品，代表一個人無法靜下來，喜歡成天轉不停，也喜歡往外跑、愛湊熱鬧。這情況說明一個人缺乏獨處的習慣，也很少傾聽自己的內心聲音，生活中大部分習於往外追求聲光刺激中。

無法在一天過後培養靜的修復能力，頭腦便會過度轉動。這會形成精神焦慮，也很容易造成頭腦過勞。

這可能說明一個人有蠟燭二頭燒的狀況，經常像陀螺一樣不停轉動，疲勞時不知道休息，也不願意傾聽身體的聲音。

臥房也是使人養精蓄銳的場所，幫助人修復與儲備能量。當人們習慣在臥房中堆滿物品時，養精儲備的力量就會受到阻塞。

塞得過滿的空間，乾淨空氣無法流通，到處充斥陳舊過時，不乾淨的氣息。在這樣的臥房中，人很容易心浮氣噪也不容易放鬆下來，無法好好修復身心，自然精神緊繃。

長時間缺乏後援部隊的充電能量，人會出現過勞現象。

清理的行動方案

一、將堆滿在臥房的紙箱進行整理，清空不要的物品，將紙箱移出臥房。

二、避免將買回來的物品堆在房間，每週打理檢查一次，將打開過的紙盒，紙袋取出，移出臥房中。

三、進行斷捨離，將別人送的禮物進行檢視，不需要的進行打包，如果狀態還很新，可捐贈給需要的人。

四、保持臥房到門口，門口到床邊的通暢動線。

髒亂的臥房與化妝儀容空間

清理的好處

臥房裡的化妝檯與我們的外在形象有關。

將整理儀容的空間徹底打掃乾淨，避免灰塵髒污堆積，就是在維護我們的外在形象，讓自己隨時都能保持正面積極的狀態。這也是尊重自己、榮耀自己的表現。

將臥房的門戶打開，隨時保持空氣的暢通；這意味我們願意敞開，將禁閉與蒙塵多時的心門打開，這遂能允許更多的交流出現。我們能跨出舒適圈，去碰觸探索不熟悉的事物，願意突破頑固的想法，如此將更容易交到新朋友與新機遇。

你的臥房裡佈滿灰塵髒污嗎？

是否有習慣保持窗戶流通，還是門戶長年緊閉深鎖呢？

臥房的地板多久沒有清掃了？地板是否堆滿垃圾？再看看化妝台，東西陳列整齊嗎？化妝台的鏡子光亮嗎？還是早已經看不到光澤？

髒亂的臥房與化妝台代表：故步自封、不重視外在形象、人際關係不良。

經常緊閉臥房窗戶，代表無法敞開自己的內心，害怕與他人分享與交流。我們可能有故步自封，或原地踏步的傾向；或懷有舊傷，不願意踏出自己習慣的領域，對於敞開心霏出現障礙。

臥房臥房也是大部分人打理儀容的空間。許多人會在臥房裡面放置鏡子，或安置化妝台。整理儀容的空間若佈滿髒污，就代表我們並不重視自己的外在形象。可能穿著邋遢，或儀容隨便、不修邊幅，不重視自己的形象。

正因爲臥房與外在形象有關，它也與我們的外緣相關。或許我們與人的關係並不和諧，或戀愛運不佳，總是碰到爛桃花。

這是因爲我們沒能眞正看重自己，疏於維護自己的形象。或許代表我們有自暴自棄的想法，從內在深處放逐自己。當我們無法從內在深處敬重自己時，總是容易吸引那些不尊重自己的人際關係與親密伴侶來到身邊。

清理的行動方案

一、臥房地板每週務必清掃一次，使用吸塵器與拖把徹底將地板清掃乾淨。
二、每天早晨出門前，必須將臥房的窗戶打開，使空氣流通。讓好的氣流進來臥房。
三、將化妝台各處保持乾淨，鏡子要擦拭晶亮。讓它隨時反映你的最佳狀態。

臥房的清理順序

1. 先清理堆積在地面上的紙箱與堆積物
2. 地面清空後；再打掃床鋪，清理堆在床鋪上的衣服與雜物。
3. 接著清理書桌與化妝台上面堆積的物品。
4. 擦拭書桌與化妝台。
5. 清理臥室地板。

Chapter 2 浴室

浴室是一個人清潔、洗刷外在的空間；浴室代表一個人更新的能力。浴室也是人代謝、排出廢物的地方。浴室與一個人的健康有關，特別是司掌排毒與代謝的泌尿系統之健康。

如果你有代謝與泌尿系統等不適症狀，或經常感覺到口乾舌燥、火氣十足，或許你可花些時間來檢查一下，自家浴室是否有做好維護清潔的工作。

浴室是居家空間中的私領域，是屬於最私密與內在隱密的部分。浴室代表潛意識中最深層的想法，以及內在最不願意被人窺看的部分。如果你經常做惡夢，或內在存有莫名的恐懼，心中堆疊許多不爲人知的秘密，很害怕讓人知道或分享，長期感覺心慌意亂，你不妨檢視自家浴室，是否存有長期堆積的髒污。

處理個人代謝廢物的浴室，也象徵內在負面情緒的出口。如果你長期活在對他人的悔恨、憤怒、懷抱過去的負面記憶而無法釋懷，特別需要留意內在毒素的積累狀況。

浴室打理通常與處理內在負面情緒有關。如果你想要告別過去的陰影，釋放負面記憶對你的影響，請別忽略浴室的清理工作。

積水或髒汙漏水的浴室

■清理的好處

流動與更新、暢通與釋放。

浴室充滿水氣，在空間場域上，浴室代表陰性：水的能量。而水是要讓它保持流動，才能保持活水川流的健康狀態。

無論是清掃浴室的汙水，還是洗滌身體的廢水，都應該能順暢的流通出去，使浴室保持乾淨清爽。

清掃阻塞，讓水保持流通，意味你能正視情緒的流向，願意處理自己的陰影面。讓乾淨的水川流不息，流放掉會發臭的惡水；代表你能釋放掉過往的不愉快，將那些耿耿於懷的往事全部都一筆勾銷。同時，你也願意原諒那些冒犯你或傷害你的人事物。

你家中的浴室具有清爽整潔的外觀嗎？你多久清掃一次浴室呢？

浴室的地板上面是否有水漬？你有保持乾爽的習慣嗎？

水龍頭出現滴滴答答的漏水現象嗎？

浴缸或臉盆裡面是否總是貯滿水，卻沒有使用呢？

地板上面是否有積水現象多時，而你卻視而不見，久久沒有處理它？

積水或漏水的浴室代表：情緒阻塞、懷抱過去負面記憶，悔恨中過日子。

若有水漬或積水現象，代表浴室的排水系統不良，多餘的水無法有效排放出去，這便造成阻塞。

如果浴室經年累月堆積大量水氣，沒有保持乾爽的習慣，那麼浴室內部就很容易出現長黴菌的現象。長滿黴菌的浴室，不僅使空氣髒汙，更容易滋生細菌，影響身體健康。

水無法流動時，會形成阻塞與發臭；內在的情緒也是如此。有積水或長期漏水的浴室，代表內在堆滿許多過去的怨恨，堆積深沉的不滿與憤怒。

阻塞的水也意味你可能無法原諒過往傷害你的人。

總是懷抱逝去的痛苦記憶，對過往舊傷無法釋懷，任由毒素在心中堆積蔓延。

將浴室清洗乾淨，保持乾爽。代表你願意擦亮自己的內心，讓自己從塵封已久的舊日記憶走出。

釋放掉積水，你能擺脫一攤死水的無生氣狀態，將嶄新的活力注入到新生活中。

清理的行動方案

一、每天洗完澡以後，順便將浴室沖刷乾淨。
二、將浴室的水排放乾淨，避免地面上出現水漬。
三、每周至少使用除濕機為浴室進行除溼工作。
四、浴室裡面的容器避免存放水，臉盆與浴缸裡的水應該在使用完畢流掉。

浴室到處髒汙

清理的好處

打理浴室，也就是清掃我們的身心。留意浴室的清潔，時時清掃它，就是將身體保持在乾淨的狀態，這是自我敬重的表現，也是維持自我形象與自信的礎石。

清理浴室，讓浴室保持乾爽舒適的狀態；意味著我們能維護自己的泌尿與排毒系統，擁有較好的代謝能力。經常打掃馬桶與浴室地板，代表我們能清掃內心的毒素，正視那些不再服務我們的低下能量。

我們能健康的流放負面情緒，釋放有害身心的毒素，讓自己保持心靈健康。

家中的浴室是否很髒呢？是否任何時候進入浴室都能嗅聞到臭味呢？

馬桶已經多久沒有清掃了呢？馬桶外與內壁是否出現污漬？

地板是否佈滿掉落的頭髮，且牆壁與洗手台也很髒？

髒污的浴室代表：自我形象低落、排毒系統失調、懷有負面苦毒情緒，無法寬恕。

浴室是一個人清潔的空間。當浴室出現髒污或惡臭，代表外在形象出現自我認同的問題，我們可能不認同與贊同自己的形象。或對於自己所做的事情或行爲，缺乏自信心。

浴室也是人代謝、排出廢物的地方。浴室髒污出現阻塞，可能與人的泌尿系統失調有關，在掌管排毒與代謝的器官功能出現障礙。可能有水腫，或下半身浮腫的困擾。或我們身體無法順利排毒，可能長期有口臭，口乾舌躁或便秘的困擾。

浴室裡面長期的髒污，意味著我們內在有消極的念頭。

髒污或廢物，是人體不需要的東西；但是當我們還不想處理它時，甚至任由廢物髒污堆積，就代表我們可能懷抱過去的怨恨或負面記憶不放。或是我們對於過去傷害我們的人事物耿耿於懷，無法放手寬恕對方。

堆滿物品的浴室

清理的好處

清理浴室的堆積物品，代表我們開始正視內在的恐懼。

藉由清理堆放擱置的物品，將要用的與未來不可能再用的物品進行分類，我們也揭開內在一直在迴避的瘡疤，開始處理自己的問題。

當我們不再到處堆放物品，浴室的空氣開始流通，有多餘的空間可以伸展與活動。你會發現自己的身體越來越清爽，感覺也越來越自在，夜晚也不再惡夢連連了！

藉由清除浴室的堆積物品，你變得更爲敞開，或許你懂得與其他人分享，願意談談自己的問題。

你對於自己內心空間擁有更多充裕，也更爲自信。

家中的浴室是否堆滿物品？浴室經常保持清空暢通嗎？

許多人很喜歡在自家浴室中堆積物品，將浴室視爲儲藏室。各種紙箱，買回來不用的電器用品，各種生活用品，統統堆放在浴室的浴缸中。

浴缸可能已經很久沒有人使用了，裡面放滿各種物品。不管是否還要使用，都一律擱在浴缸中。

堆滿物品的浴室代表：逃避、搪塞、掩飾恐懼、為自己找藉口。

將東西堆疊起來，可能會帶給我們暫時的安全感。這讓我們暫時能夠逃避：不用去面對需要處理的紊亂，藉由堆疊，我們將眼前的雜亂視而不見。

容易在浴室堆砌物品的習慣，可能代表我們在生活某處出現問題或障礙。這可能是健康上的問題，也有可能是過去失敗的陰影，或童年不愉快的經驗，導致現在生活中的某個區塊出現阻塞。

但我們基於害怕，不願意揭開問題，害怕去面對與承擔現況。由於自己擔心的問題也不願意被人知道，更害怕與人分享。會下意識透過不斷的堆砌行爲，來遮掩內在的痛處。

物品過度堆積最終會引起浴室空間塞爆，而物品放在潮濕的浴室中，最終也會形成物品發霉、電器失靈。種種失控現象會接二連三出現，外在的紊亂失控代表內在堆積的恐懼升溫，惡夢連續出現，逼迫人不得不去面對問題。

清理的行動方案

一、每月至少整理與清理一次浴室，將堆積物品清理乾淨。

二、將物品檢視，不必要的物品予以丟棄。

三、角落與浴缸等處特別容易堆積物品，至少每個月要清理一次堆積在浴缸中的物品。

浴室的清理順序

1. 先將堆放在浴缸或層架上的雜物清除，確保零堆積。
2. 接著清洗馬桶、浴缸、與洗手台、牆壁。
3. 最後清洗地板。

Chapter 3 廚房

廚房是烹調食物的場所，也是貯存食物的地方。廚房中有冰箱與米缸，這能支持與滋養人體，使人保持活力成長，廚房向來代表一個家庭的豐盛能量。簡單說，廚房與財富的能量相關。

吃東西是一個人保持活力與健康的重要來源，吃直接主宰一個人的生命力。與吃相關的廚房，司掌食物的貯藏與烹調，自然代表一個人生命力的狀態。

廚房是烹煮食物的空間，食物能餵養人們的健康；烹煮食物代表給予付出與接受的能力，特別是給予與接受自我之愛的能力。

廚房中有火源，司掌食物煮熟的功能；廚房中也有水源，負責清洗食材與清潔碗盤。少見的水火同處的空間，**廚房經常具有對立與衝突的特質，它也經常與一個家庭和諧氣氛的能量有關。**

如果你非常在意自己的財務狀況，想知道爲何金錢總是來去匆匆，無法留住金錢，你必須好好來檢查自己廚房中的打理工作；如果家中的氣氛總是不好，經常有人吵架或發脾氣，不妨留意一下廚房的清潔狀態，看看是否有哪些地方需要改進。

若你始終欠缺活力，總是找不到對於工作與生活的熱情，不妨檢查一下你的廚房。是否已經很久沒有開伙，或是你對於廚房空間的漠視，去檢視廚房與你的關係，可幫助你去找回流失的生命能量。

髒污的水槽

■清理的好處

積極清洗飯後碗盤，避免堆積，可改善消化不良，無法代謝的便秘問題。

清淨水槽空間，代表我們對於自己的情緒掌控負起百分百的責任。

我們願意心平氣和來度過每一天，同時也能以平和的情緒來與家庭成員相處。

清除水槽的阻塞物，意味個人能正視溝通障礙，願意以開放敞開的心，來面對工作上的問題。放下頑固不靈的固執偏見，接受他人意見；對於各種可能性保持開放彈性的態度，擁有更佳的傾聽能力，表達溝通力大幅度改善。

家中的水槽是否很久沒有清洗了？上面是否積滿油污？
水槽裡面還有多餘的東西嗎？裡面是否堆滿很久沒有清洗的餐具碗盤？
水槽下方的排水口是否出現阻塞現象？有多久沒有清掃排水口？
是否裡面堆滿食物殘渣，且充滿惡臭氣味？

髒污的水槽代表：火氣旺盛、家庭不和諧、容易出現口角爭端。

水槽是廚房中司掌清洗餐具與食材的地方，充滿水氣，同時也容易沾滿食材或餐具的油污與髒汙。

充滿水氣之處總是容易滋生細菌。若清潔工作沒有處理好，因而長滿黴菌或油汙，很容易影響食物的安全，影響身體健康。

飯菜食用完畢，總是懶得清潔，大量餐具碗盤堆疊在水槽中，形成雜亂現象。這說明身體消化代謝的能力出現異常，可能吃東西速度很快、總是囫圇吞棗，短時間又很快感覺飢餓；或可能出現血糖代謝功能低下的問題。

水槽被各種食物殘餘阻塞，說明個人表達溝通的力量不足。可能極容易出現溝通障礙，工作力不從心或力有未逮，經常感覺事倍功半。

清潔力不足的水槽，會導致廚房中火的能量凌駕其上。火氣過剩時，往往出現對立與衝突，它容易導致家庭成員口角，或個人脾氣暴躁的狀態。

清理的行動方案

一、每次清潔完食材，必定使用乾淨抹布清潔水槽；每次清潔畢碗盤餐具，必定使用清潔劑將水槽四周清潔乾淨。

二、避免拖延，用餐完畢的碗盤盡速清洗乾淨，避免堆放在水槽裡面，形成雜亂。

三、水槽下方的排水口每天務必清理，絕對要清除食物殘渣，杜絕發出異味。

四、每周一次使用小蘇打粉加上檸檬、薄荷精油，擦拭水槽表面，如此能保持水槽乾淨光亮，幫助殺菌，並使水槽保持清新舒爽的狀態。

充滿污垢的瓦斯爐

清理的好處

清掃瓦斯爐，讓火的力量燃燒旺盛。這能幫助你看到自己的長處，展現熱情，貢獻個人所長，生命力才得以彰顯。

照護與清理瓦斯爐，對它表達感謝，就是在維護你的生命之火：一個屬於你的根本能量。

唯有連結到內在的根源火種，一個人才能找到自己安身立命的源頭。明白自己有所本，並知道自己的出發點在何處。連結內在的熱情，就能燃燒自己的能量，開始邁開大步，擁有動力，眞實活出個人的天賦才能。

通過關照瓦斯爐之清理工作，你開始學習自愛的能力，透過自己烹煮食物，有更多的愛流向自己，滋養自我成爲你當下最重要的工作。一旦你擁有滋養自我的能力，你也就擁有餘裕與心的空間，來支持與幫助他人。

家中廚房的瓦斯爐乾淨嗎？你多久清潔一次呢？是否只有在過年前的大掃除，才會清理瓦斯爐呢？上面是否堆積陳年油垢？每天進出廚房是否來去匆匆，瓦斯爐只用來煮水與烹煮泡麵？它還有其他的功能嗎？

充滿汙垢的瓦斯爐代表：缺乏熱情、欠缺動力、凡事提不起勁。

瓦斯爐是將生鮮食物煮熟的地方，也是將冰冷的食物加溫的場域。

廚房的特質就是水火並存。然而水火相剋，如果火的能量不足，水的能量就會凌駕其上，澆熄火的力量。

蒙塵的瓦斯爐，意味火的能量無法彰顯。你可能有消極、動能不足、凡事缺乏熱情的問題。可能很長時間對於工作與生活提不起勁。

烹煮的工具無法獲得支持，代表自我滋養的能力受到阻礙。是否已經很久沒有感覺到自己有任何的優點？對於存在這件事情，你有任何的渴望與想法嗎？

目前的工作令你滿意嗎？是否疲於應付工作與生活所需，對於自己有興趣的事物，都感覺不到一點熱誠？

總是覺得自己的強項不足，對於往前進，你可能存在許多猶豫與疑問。

缺乏熱情就形同行屍走肉，僅僅只能應付了事，無法活出燦爛與快樂，也無法對於周邊的人付出關懷與貢獻。

清理的行動方案

一、每次烹調食物完畢，使用乾淨的餐紙擦拭瓦斯爐周邊；再以抹布擦拭乾淨。

二、每個月至少大清掃一次瓦斯爐周邊，使用小蘇打粉來擦拭陳年的油垢。

油垢髒污的砧板、流理台、米缸、調理工具

清理的好處

清潔流理台代表我們願意盡所能的給予與付出，說明我們關愛自己，也關心家庭成員的健康。

整頓烹調工具說明我們十分珍惜與人們一起分享食物，我們開始懂得將自己喜歡的所有物，慷慨與他人分享，不再只是將東西緊抱不放。

給予與接受通常也與金錢的豐盛能量相關。金錢必須流通，在給予與接受的雙方都能暢通。能夠大方的給予，就能接受宇宙流動進來的豐盛。相對的，若無法自在的接受，豐盛之流就會受阻。

透過清掃廚房空間，我們將阻塞豐盛之流的環結打開，好接受豐盛進入我們的生命中。

家中廚房的流理檯面是否一塵不染？

所有的調理工具是否隨意堆放在流理台上呢？負責切菜調理食材的砧板，上面有發霉現象嗎？家中的米缸裡面有長蟲、充滿異味嗎？

無論是司掌調理的流理台或是擔任烹調的工具如砧板，如果出現髒汙，沒有清潔得當，就很容易滋生細菌，引發食物的安全問題。

油垢髒污的砧板與流理台代表：無法付出、對於接受有障礙、金錢出現問題。

做菜給自己吃或爲他人做飯菜，本身就具有滋養的能量。做菜能帶給自身與他人健康成長的動能。烹煮食物代表給予付出與接受的能力。

沾滿油垢與髒汙的工具與調理台，代表我們對於滋養自身的行動感到漠不關心，確切的說，**可能我們在付出與給予上都有相當的障礙**。

當廚房的調理台與工具呈現雜亂或髒亂現象時，說明自身的豐盛能量受到阻礙。我們可能正在爲金錢所苦，或總是入不敷出，或我們無法接受他人的好意，對於別人的幫助感到虧欠，可能爲帳單所疲於奔命，但能夠用於自身的金錢卻僅供溫飽。

清理的行動方案

一、每次使用完廚具，必定將流理台擦拭乾淨。
二、調理工具必須先行晾乾，擦拭水分，避免帶著水氣就收進碗櫃。
三、使用茶樹、尤加利、百里香芳香精油來為流理台與砧板進行消毒。清潔乾淨後，撒上上述精油擦拭一番，可殺菌防黴。
四、米缸至少一個月要清洗一次，並晾曬在太陽下，可幫助除溼殺菌。
五、調理台上收拾整齊，保持流理台乾淨，避免有多餘雜物放置在上。

混亂的冰箱

清理的好處

保持冰箱的清潔非常重要。定期檢查與清理冰箱的食材，將冰箱打掃乾淨，就代表我們拿出積極的行動力，將各種資訊與知識進行整理與歸納。如此就能依照自己的吸收程度，來接收各種有益自己的訊息。

清理冰箱過期的食物，杜絕將吃不完的食物堆放在冰箱的惡習。由此我們能改善胃腸的消化力，提升胃腸的免疫力，讓自己健康的消化與吸收食物的營養。

經常保持冰箱乾淨，讓存放的食物一目了然。能改變你的採買習慣、不再亂買食物也不再貪心買大份量的食物，將自己塞爆。

家中的冰箱有定期整理的習慣嗎？

裡面是否塞滿各種過期的食物或食品？食材腐壞發出惡臭味也渾然不知嗎？

你將冰箱當做垃圾桶嗎？吃不完的食物就往冰箱擱置，不管要不要吃都不再理睬處理？

是否很喜歡採買大份量的食物，零食總是大包大包的買，冰箱總是處在塞爆的狀態？

雜亂的冰箱代表：胃腸健康低下、消化吸收的能力紊亂、貪婪浪費。

將冰箱當做是堆積過期食物的地方，長期下來，冰箱會產生各種異味，同時也會孳生各種細菌。充滿異味的冰箱代表我們的消化系統免疫力低下，容易出現腹瀉、胃酸過多或腸胃炎。

亂塞的冰箱代表我們對於食物的採購與控管沒有節度，每天囫圇吞棗地亂塞冰箱，沒有整理冰箱的習慣，不僅找食材時很不方便，也無法有效掌握食物的消耗用量，經常會反覆採買不必要的食材，形成浪費。

清理的行動方案

一、定期檢查與清理冰箱食材，將過期與不再食用的食材丟棄。

二、將冰箱內部與外部清掃乾淨，使用乾淨的布擦拭冰箱內外部。

三、使用天然芳香的清潔劑如小蘇打粉與芳香精油來為冰箱除菌，就能維護居家飲食安全無慮。

四、善用各種透明保鮮盒來收納食材。建立分類與貼標籤的習慣，要取用食物時馬上一目了然，節省翻找的時間，同時也便於食材整理。

五、避免堆積，檢討採買習慣，不要再去量販店購買大份量的食物或零食。

吃剩的食物、未處理的廚餘垃圾

清理的好處

妥善清潔安置廚餘，代表我們對於食物的感恩。說明我們能享用食物，獲得食物中的滋養，並信任自己總是擁有足夠的食物。

善用廚餘，將他們運用到合適的地方，發揮廚餘的利用價值，便能善盡環境保護責任，讓廚餘的能量滋養各處。如此我們就是在將所吃的食物延長它的能量，並盡一份關愛地球的心。

將多餘的吃剩食物與人分享或分贈，等於將多餘的豐盛奉獻給他人，這不僅協助自己處理多餘的食物，同時也能幫助別人，享受施予的快樂。

你每一餐的食物是否大量剩下？不再食用的食物，你知道如何處理嗎？

廚房是否經常有大量剩下的廚餘？廚餘是否在居家垃圾桶附近產生大量異味？

吃剩的食物、未經處理的廚餘代表：浪費揮霍、無法感恩、影響健康。

廚房裡面經常剩下大量的食物，或過期食物造成的大量廚餘，意味我們可能經常大量採買，過度揮霍，造成食物浪費。或我們吃得下的食物量遠比採買量少得多，卻因爲貪婪心態驅使，導致食物過剩。

經常有大量的食物過剩，表示對於來到眼前的食物無法珍惜，沒能理解食物種植、養殖或製作過程的辛勞。

每個人對於食物的態度，與我們能夠接受到的豐盛能量大有關係。食物代表滋養支持我們的能量，對於食物採取隨便採買、隨意丟棄的態度，等於對豐盛滋養的能量產生貶抑排斥的態度。

這意味可能總是需要很辛苦工作，卻不容易賺到錢。

清理的行動方案

一、食物廚餘應盡可能保持乾燥，嚴防異味外露。使用小蘇打粉加上百里香精油混合撒在廚餘上面，再打包起來，可幫助殺菌，清除異味。

二、定期檢查庫存食物，將沒有吃完或未開封，卻可能不會再食用的食物，捐贈給食物銀行。

三、與鄰里的里長聯繫，舉行社區鄰里分享食物活動。將準備過剩的食物分贈給鄰里需要的長者或弱勢家庭。

四、學習再利用廚餘，為植物施肥。或利用剩下來的麵包皮製作另類的糕點，善用蔬菜切下來的邊角、蒂頭與外皮來熬煮高湯。

五、將吃剩的果皮如橘子皮、馬鈴薯皮、檸檬皮、柑橘皮保存起來，放入保鮮盒中。需要打掃水槽時，使用果皮來擦拭水槽表面，可使水槽乾淨晶亮。

廚房的清理順序

1. 清除堆積在流理台與水槽上的碗盤，先清潔碗盤與鍋具。
2. 再清潔流理台面、水槽、瓦斯爐周邊。
3. 接著清理冰箱的雜物。
4. 清潔烤箱，最後清掃地板。

Chapter 4 衣櫃

衣櫃是放置衣著的空間，因此衣櫃與外在形象相關，與我們的外表給人的感覺有關。

衣櫃也與美麗的運氣與瘦身、苗條有關。

由於穿著會傳達出我們給他人的印象，衣櫃也直接與人際關係，甚至與異性緣有關。平日上班的衣著也放在衣櫃中，衣櫃也影響我們的職業專業形象。

相較於其他的居家空間，衣櫃屬於私密的空間。

衣櫃反應我們內在深處的想法：特別是自愛與自重，確切來說就是反映對自己的看法與自我認同有關。

衣櫃與我們是否愛自己，珍惜自己有關。它的狀態如實反應我們是否喜歡現在的自己。如果非常在意個人形象，身材與消化狀態，不妨好好正視衣櫃的清理工作。

如果對於目前的生活現況很不滿意，對於愛自己有很多問號；或經常在人際關係中受挫，我們都應該回來好好清理衣櫃。

衣櫃塞得滿滿，經常找不到衣服

清理的好處

建立每件衣物都有專屬的放置位置，建立衣服的分類，讓不同類型的衣著有固定放置的區域。

規定自己每一天都要按照固定的位置收納衣服。藉由這麼做，開始積極整頓混亂的心態。透過組織、分類來規劃生活，而不是任由雜亂與無秩序來淹沒自己。

外在世界就是內在世界的反映，當我們將衣櫃整理乾淨，就會發現自己的長期便秘獲得改善。

當衣櫃開始呈現井然有序，不再找不到衣服時，混亂的生活開始變得有秩序，會開始有多餘的時間做自己想做的事情。不再像無頭蒼蠅，每日奔忙，由此能更從容享受緩慢、運動與休閒。

整頓塞爆的衣櫃，就是在整頓快要爆開的生活。透過清除雜亂、改掉亂塞的習性，將優雅與從容帶入生活中。

經常整理衣櫃嗎？現在打開你的衣櫃，它是什麼樣子呢？裡面有堆積如山的衣服嗎？有不明的物品掉落出來嗎？是否經常找不到衣服？

曾經設法爲衣服進行分類嗎？上一次整理衣櫃是什麼時候呢？

堆積如山的衣櫃代表：生活與工作混亂、職場人際關係受挫、便秘。

衣櫃與內在的自我感覺有關，雜亂的衣櫃代表我們有雜亂的心意。缺乏組織與分類的衣櫃，意味在工作與生活上都有忙亂不堪、混淆不清的狀況。可能像一個陀螺，經常分不開身，越忙越煩，對於目前的生活不滿意，也對於自己的現況厭惡至極。

衣櫃也與職場形象有關。亂塞的衣櫃，可能意味目前職場人際關係受挫，與主管或同事的相處出現問題，或升遷管道總是受挫。

衣櫃與我們外型與身材形象有關，或身體的消化系統有關。

若衣櫃永遠塞得滿滿，總是找不到衣服；說明可能有長期便秘的困擾；或有肥胖或水腫的苦惱，想要瘦下來，卻一直淪爲口號。

清理的行動方案

一、將衣服清理，將不需要的衣物丟掉。
二、為所有的衣物進行分類。
三、每一種衣物都有專屬的放置區域。
四、檢查的重點：是否能直覺式的找到想要的衣服。
五、如果不知道如何整理，向收納專家或書籍請益吧！

衣櫃沒有換季

清理的好處

換季是一件非常積極的行爲。換季就是收割過去時間的成果。它代表我們向過去的日子進行整理回顧。藉由整理換季衣物，發現哪些衣服經常穿，哪些衣服不再穿。

透過檢查，我們能清楚掌握內在心境的轉變，以及外在機遇或人際關係的轉變。我們可能變得更爲成熟，於是對可愛風的服裝不再感興趣；或許在上一季轉換工作，新工作的職位要求，選擇更多正式套裝，而不是隨興搭配的衣著；或者興趣改變了，開始外出踏青，於是有更多時間穿著休閒風的衣著。

透過衣物檢視，看到過去這段生活的蛻變軌跡。換季幫助我們透過衣物來看看走過的道路，而不是毫無知覺，渾渾噩噩的一日過一日。換季將新鮮空氣，帶入一成不變的生活中，催促我們做出改變，拿出行動，做下決定。

你有爲衣物換季的習慣嗎？

將上一季衣服清洗與整理，順便汰舊換新。將當季衣服整理好，歸納分類，放置在衣櫃中，以便在這一季來服務自己。

很多人並沒有換季的習慣，四季的衣服全部堆放在衣櫃中，形成非常混亂的現象。

不換季代表：沒能活在當下、對生活消極。

衣櫃裡的衣服反應我們當前的生活樣貌。爲衣服換季代表懷抱積極的心，以迎接新的季節到來。換季的行動也意味著對於當下與未來的機遇敞開。

若衣櫃中塞滿各季節的衣服，代表我們對於生活的開展，缺乏想法與行動力，或懷抱消極的念頭。

可能對生活一切感到麻痺，任由自己被每天的瑣務推著走。

也或許非常不滿意現狀，又無力改變。

這說明我們的衣櫃充滿過時的能量，你可能無法活在當下，享受當下季節帶給我們的嶄新能量。

想要升遷嗎？先去換上符合升遷職位的衣著！

希望談一場戀愛就先去爲自己準備溫柔浪漫的服裝吧！

透過正確服裝來與所渴望的未來形象對齊，如此才能積極吸引機遇的到來。

清理的行動方案

一、每季結束前，務必將衣櫃整理，並進行換季。

二、將不再穿的衣物整理打包，捐給二手衣物單位或清寒的團體。

三、透過計畫採買，來形塑出未來一季的生活：職業選擇、人際關係、生活方式、休閒安排等。

沒有清洗衣物就直接塞入衣櫃

清理的好處

將換下來的衣服馬上清洗，本符合清潔健康原則。在心靈能量的角度上，清洗衣物代表清理淨化一天的自己。

將清洗過的衣物晾曬在有陽光照到的地方，讓衣服充分吸收陽光能量。再次穿著它時，我們會獲得陽光飽滿的支持，不僅心情會很愉快，也使人保持正面樂觀。

透過乾淨的衣服，使我們享受到新生能量的支持。

打開你的衣櫃，裡面充滿異味嗎？

是否每天穿過的衣服，想也不想就直接塞入衣櫃？時間久了，就在衣櫃中形成異味。

沒有每天清洗衣物習慣的人，總是創造出髒亂的衣櫃。

不清洗的衣物代表：負面能量堆積、消極、容易吸引厄運。

髒亂是低頻的能量，不乾淨的異味也是。

穿過的衣服充滿一天的汗水與灰塵，也沾染到環境（大眾運輸系統與公共場合）中的負面能量。

將沾滿髒污與汗水的衣服堆積在衣櫃中，汗水帶來的溼氣，會在衣櫃形成潮濕之氣。潮濕會阻礙乾淨的空氣流通，形成阻塞，從而阻擋好運氣到來。

穿過的衣服不僅沾附髒污，也留有一天的疲勞能量。

沒有清洗的衣服積在衣櫃中，衣櫃更充斥髒污疲勞的消極能量。

經常穿著沒有清洗的衣物出門，使我們攜帶著髒污疲憊的能量，與他人接觸共事。疲乏倦怠的負面能量，很容易吸收到不愉快的事情，易發生口角與誤會，工作上也容易出現阻礙。

清理的行動方案

一、每天回到家，立刻將穿過的衣物清洗。
二、每周檢查一次衣櫃，將需要手洗的正式衣物仔細清洗。
三、定期為放置衣櫃的空間除溼。
四、經常晾曬衣服，讓衣服吸收陽光正面能量。
五、使用天然精油為衣櫃除蟲，並增添衣櫃芳香。
六、每次打開衣櫃，確認每件衣服都是清洗乾淨的良品。

家中各處都是臨時衣櫃

清理的好處

定義每一個物品的放置位置，如此能避免混淆，要使用物品時，也不會發生找不到的狀況。

對物品擁有清楚定位的想法，代表我們是一個有原則的人。人們也會重視與尊重我們的領域：公與私。無論是時間、物品、資源或空間，人們都會給予一定的尊重，遂能與他人共創舒服愉快的關係。

你有到處堆放衣服的習慣嗎？

無論是新買的衣服還是晾曬收進來的衣服，總是沒有折疊，直接塞入衣櫃？或乾脆將衣服到處堆放，沙發、床上，家中各處都是臨時衣櫃。

喜歡隨手丟衣服，任意堆積衣物的人，總是將生活各處打造成戰場。

臨時堆放的衣物代表：界線不清與隨意態度。

衣服出現在不該出現的場所，代表界線不清。可能在生活與工作的公私領域無法清楚界定、或在人際交往上，經常被侵犯空間，或經常被別人佔便宜。

由於無法有效界定衣物歸屬之處，錯將每一個地方都是擺放衣服的家，別人便很容易濫用我們的模糊不清：界線不明的弱點，來佔用時間與資源。

衣服亂堆與亂放，也代表我們對目前擁有的一切感到輕忽與隨便。沒能發展出珍惜與感恩擁有之物的心，很隨意獲取物品，也很隨意地丟棄物品。對於人際關係，經常受到他人輕視、不尊重或冷漠對待。

要記得從買下一件衣服開始，或從他人手中接到衣服饋贈開始，我們就是與一件衣服結下緣分。

當我們愛惜衣物時，衣服就會呈現我們所喜愛的、感覺好的能量。

穿上衣物外出工作或與人相處時，衣物也會傳達出正面喜悅的高能量。當我們總是能得到別人的重視，那是由內散發出自愛與自重的能量使然。

清理的行動方案

一、規定自己每次買回來的新衣服，必定要馬上收拾整理進衣櫃。
二、使用分類的籃框，換下待洗的衣物與洗好乾淨的衣物必定分開放置。
三、收進來的晾曬衣物，必定要在當天摺疊整理，馬上收入衣櫃中。
四、記得衣櫃以外的空間，不能放置衣服。
五、眼睛看到的範圍，都要避免衣物堆積。
六、感謝所擁有的衣服，謝謝它們來到身邊，為我們服務。

喜歡囤積舊衣

清理的好處

將不再符合當下狀態的衣服清理掉。衣櫃必須留有一些空間，讓更多新的、符合你現況的衣物進來。

無論是一段新的感情，一個嶄新的生活，一個新的工作機遇，都是如此。希望有更多嶄新美麗，符合現階段需求的新衣服嗎？

我們必須積極清理掉舊衣物，過一段時間，最適合自己的新衣服必定會出現。讓衣櫃通暢呼吸，永遠給衣櫃騰出一個空間，讓我們在那裡允許對的機遇、對的人事物得以進入。

是否喜歡囤積舊物？衣櫃是否堆滿許多陳年過時的衣物，很多早已不再穿的衣服，卻還堆放在衣櫃中。

是否非常念舊，從小到大穿過的衣服，都有保留下來的習慣？衣櫥總是不夠用，因爲總是有很多舊衣服需要保留下來。

所謂舊的不去，新的不來。

懷念過去絕非壞事，緬懷過世的親人也絕對正確。然而懷念的感情可以永遠放在心中，不一定要依靠留存某些物品，來證明我們對於過往或親友的懷念。

喜歡囤積舊衣代表：緊抓、頑固、抱著過去不放。

年代過於久遠的陳舊衣服，上面留有過時的能量。如果只是爲了懷舊而存放在衣櫃中，經常也會帶給我們過時、食古不化的信念。

若總是將眼光放在過往，總在回憶與緬懷中過日子，如此將不容易邁開大步，迎接新的階段。

如果這也捨不得丟，那也捨不得送人，代表我們將過往緊抓不放；總是想要緊緊抓住某些東西，意味著缺乏安全感。活在舊日的回憶中，比往前邁開步伐要帶給你更多安全與慰藉。

將所有舊衣物全數留存的人，通常有頑固的個性，且對於改變非常抗拒。無論是好的還是壞的，通通都會傾向留下來：這意味，即便是有害於身心的毒素，也一律緊抱不放。必須留意，是否容易出現消化不良，或有長期便秘的困擾。

清理的行動方案

一、將舊衣服全部整理一遍，將超過十年以上的衣服進行有效的清理。
二、將陳舊的衣服鞋子打包，只留下一兩件對你有紀念性的衣物。
三、將過世親人遺留的衣物進行整理，留下一兩件有紀念性的衣物，五年以下的衣物可賣給二手衣物店。
四、將十年以上的衣物，送到社區的回收衣箱中。

大量買衣服的購物狂

清理的好處

抱著「我總有一天會變瘦，那時我就會需要這件衣服」的想法去採購衣服，內心就會常常充滿恐懼與不信任。

因為無法信任瘦下來的自己，一定有遇到最適合那時自己的衣服。預先採買大量衣服，且懷抱恐懼。這等於將恐懼送給未來，使我們更難以達到理想身材的目標。

降低自己的慾望，就是在清掃內心。大聲告訴自己：「我其實不需要這麼多衣服！」透過減少購物，把內心的恐懼一一清除，我們將能得到紓壓的療癒。

你是一個購物狂嗎？一年到頭，幾乎每個周末都是購物日。衣櫥裡有堆積如山的衣服，包括上個月買的、上週買的、新舊衣服雜陳。衣櫃幾乎有一半以上衣服，從來沒有穿過，也不知道何時會穿……

想要的東西很多，而需要的東西其實很少。不斷追尋想要之物，就是任由物品來控制我們的生活。

最好能夠從需要的角度出發，來重新檢視採購習慣。

只買需要的衣服，不再隨便買衣服，而是根據自己當下的風格、職位、興趣等喜好需求來採買。這可以避免無謂的浪費，買下過多不適合的衣物。

喜歡大量購衣代表：無法宣洩的焦慮、壓力、匱乏感。

許多購物狂都有內在焦慮的情緒困擾。無法紓解的焦慮與壓力，乃透過不斷購物，以花錢的宣洩方式，來暫時撫平內在的壓力。

大量購衣，也代表心中存在深深的恐懼，經常感到匱乏。總是覺得不夠，不夠多、不夠飽足、不滿足，需要藉由不斷採買來滿足內在的貪欲。

無法正視內在的匱乏感所引發的購物狂行爲，可說是一種上癮的症狀。對於外在的物品形成依賴或依附，以致於必須要透過購買的行爲，才能存活下來。

如果購物已經到上癮的階段，必須非常留意自己的內在焦慮，因爲購物成癮等於我們允許外來之物來控制身心與生活。

清理的行動方案

一、每一次要衝動購物時，問問自己，「這樣做帶給我快樂嗎？」若感到稍後會有空虛感出現，請立刻停止購物的行動。
二、節制慾望。根據需求來買衣服，不要買「想要」的衣服。
三、建立每三個月或半年的計畫性採購。
四、不要為了未來的身材而買下不適合現在狀態的衣服。

Chapter 5 抽屜、鞋櫃、置物櫃

我們的居家空間中充滿各式各樣的抽屜與櫃子，裡面收納各種文具、工作用具、園藝工具、醫藥急救箱、服飾配件、生活備品等。

抽屜裡的狀態代表我們對於生活細節的處理能力。

就算再怎麼大而化之的人，生活細微之處還是需要學習處理。抽屜與櫃子也與我們在人際關係中，細微的體察他人的感受與發展同理心的能力有關。

抽屜裡面放置物品的狀態，也與我們對於時間的看法有關。你是懷抱著過去的哀傷或光榮無法釋懷呢？還是積極的活在當下，把握當前的機遇，活出熱情與光彩呢？檢查一下你的抽屜，就能得到完整的答案喔！

此外，是否習慣在抽屜裡面堆放大量備用的物品？貯備大量的物品，與我們對於未來抱持的心態與想法有關。

如果你總是杞人憂天，總是害怕未來的生活沒有保障，你不妨來檢查一下自家的櫃子，看看是否塞爆各種生活備品。

鞋櫃也是窺看我們生活狀態的一項指標。存放鞋子的空間，與家庭主人的健康狀態有關。鞋櫃是否清潔整齊，就代表一家之主，是否擁有良好健康。

如果家庭主人的健康不良，或總是憂鬱寡歡，不妨打開鞋櫃，好好檢視一番，從鞋櫃的清潔與整理開始做起。

堆滿雜物的抽屜

清理的好處

將塞爆的抽屜予以清理。透過整理抽屜，減少不必要物品的堆積，就是在清理生活節奏，將繁雜的事項整頓好，你能擁有多餘的時間與空間，讓自己悠閒緩慢下來。

讓自己能好好安排合適的時間表，準時赴約；生活節奏開始變得能夠掌握，成爲時間的主人。同時，也逐漸將拖延的習性修正，急件或待辦事項越來越少。

家中的抽屜是什麼狀態呢？每個物品都有專屬放置的位置嗎？假設現在要取一件物品，你能在一分鐘內，馬上知道物品放在哪個位置，或在打開抽屜或廚櫃時，你能迅速找到物品嗎？

這是一個很好的練習，你可以在家中與家人一起來玩這個遊戲。

堆滿雜物的抽屜代表：忙亂慌張的生活節奏、疲於奔命、經常救火、急就章。

如果能迅速找到物品，代表具有完美精練的整理功力，目前生活應該井然有序，很少出現需要救火的情況。

若總是花上幾分鐘還是想不起來要找物品的正確位置，或好不容易想起來，打開抽屜，裡面卻被各種雜物覆蓋，根本找不到目標物。

這就需要好好檢查一下抽屜的整潔度，若大部分抽屜都有類似的雜亂現況，可能在目前的生活中，經常處於忙亂奔波，經常在救火、趕場，或總是疲於奔命。

或者我們在赴約時總是遲到、經常不斷的道歉；或周圍的人們對你有很多怨言，在人際關係上面有無法周延到位的困擾。

可能有拖延的習性，許多生活或工作上的代辦事項越來越多，總是拖到最後一刻才去處理。

清理的行動方案

一、為每個抽屜定義主題，將相關主題的物品放入抽屜中。每個物品都有相應主題的抽屜，花時間來定義各個抽屜。

二、為抽屜進行分類，使用分隔盒。向收納專家或書籍學習分類的技巧，務使打開抽屜時，視線一目了然，每件物品井然有序的排列安放。

三、假日在家裡，可發起找東西的遊戲。邀請家人一起參與，看看大家是否能在限定時間內，找到目標的物品。對於能夠快速找到的家人，給予獎勵。無法找到的人，一起坐下來想想看，是什麼原因找不到？有什麼解決之道？

四、每個月至少一次，協助家人一起來清理抽屜。

滿佈舊日紀念物的廚櫃

清理的好處

清理過往的紀念物並不是要抹煞過去。然而我們必須將眼光放在當下與未來，帶著希望往前行。

無論過去有多少光榮或哀傷，我們都必須走出緬懷的狀態。不要抱著「總有一天我會來看看這些紀念物」的想法。我們必須往前看，讓代表當下的物品充滿廚櫃，如此才能不斷往前邁進。

家中廚櫃中存放哪些東西呢？

許多人喜歡收藏小時候各年齡階段所擁有的物品。各階段的成績單、作業本、獎狀、照片、情書、紙條，甚至過去工作所紀錄的工作筆記本、日誌、得意作文、會議記錄，幾乎都完好無缺的保存下來。

廚櫃中是否有多餘的空間來擺放當前生活的用品呢？我們爲當下日常生活的用

品預備多少空間呢？

滿佈舊日紀念物的廚櫃代表：緊抓舊日回憶不放、活在過去的時光裡，無法邁開步伐迎接新事物。

廚櫃裡放置物品的狀態，與我們對於時間的看法有關。

家中的櫥櫃空間有限。若將大部分的空間讓位給過去式的物品，那麼就沒有足夠的空間來容納現階段所需要的物品。

如果櫥櫃被過去各種紀念物塞爆，說明我們是念舊型的人，擁有細膩的心思，卻容易陷入傷春悲秋的情懷。

過世親人的遺物不要全部收藏。家中如果充斥太多親人的遺物，撫物思人雖好，但會使在世的人們活在過度追念中，而無法走出悲傷，好好繼續生活。

櫥櫃放滿過去戀情的紀念物、照片、禮物等等，說明可能陷入過去的感情，無法走出來。或許現在的親密關係很平淡或處於空窗期。可能非常渴望創造一段嶄新的關係，卻感到無力。

清理的行動方案

一、將過去收藏的物品整理整頓，留下一小部分最具代表性的，裝入箱中或盒子。其餘的全部處理掉。

二、將過世親人的遺物留下幾件最珍貴的物品，其餘請捐贈或丟棄。不要讓帶有懷念或緬懷悲傷氣氛的物品，充滿家中的廚櫃。

塞爆生活備用品的廚櫃

清理的好處

如果我們總是覺得沒有能力負擔，代表我們否定自己的豐盛狀態。這只會吸引更多匱乏的狀態來到我們身邊。

試著讓廚櫃保有更多餘裕空間，買適量足夠的物品就好。如此能開始信任自己，無論在任何狀態，都能獲得最好的照顧，且能活得足夠踏實。

學習放手、信任，都是廚櫃中貯備物品的狀態，能夠教導我們的課題。

打開廚櫃，裡面是否塞滿各種生活備用品呢？

你是那種遇到打折，就會大量採買量販包裝的人嗎？平常是否很喜歡參加揪團？

家中是否需要有足夠的空間，來貯備購買的大份量物品呢？

塞爆生活備用品的廚櫃代表：恐懼不安，對未來沒有安全感，深度的匱乏感。

置物櫃中充斥太多備用物品，說明我們對於未來充滿不安，且懷抱很深的匱乏感與恐懼感。我們需要透過囤積大量物品，來以防未來的萬一。當我們買到貴的物品，或沒有經過比價或團購折扣買東西，就會感到自己吃虧了，通常是一種匱乏感與焦慮在作祟。

期望透過折扣買到物品，內在能量就是認定自己沒有能力負擔一般定價，因而總是期望商家提供折扣與低價。

或許我們對自己的職業與生涯規劃充滿不確定感，總是活在危機意識中。對於任何搶購都要參加，深怕自己總是買貴了，害怕自己吃虧，代表我們有很深的匱乏感，怕別人佔自己的便宜。

搶購與貯備大份量的物品，能暫時給人安全與保障的感受。

整頓廚櫃空間，減少採買大份量物品，試著看看自己在擔憂什麼，去正視自己的恐懼。如果我沒有買這麼多，我會有什麼損失嗎？

透過檢查，注視內在最害怕擔憂的部分。那些無法放手緊抓的恐懼感，就是使人必須大量儲備物品的原因。

覺得必須透過量販購買便宜物品，來享受賺到的感覺。其實，囤積大量備品並沒有讓我們賺到任何優惠，我們付出寶貴的空間來塞滿物品，這說明我們沒有餘裕、空間來享受生活悠閒。

我們可能總是爲生活所奔忙、窮忙，卻賺來僅供溫飽的金錢。

清理的行動方案

一、改變採購習慣，減少團購與大份量搶購。只買當月要使用的備用生活品。
二、定期檢查置物櫃，避免讓備用品塞滿廚櫃。
三、學習購買東西時，不要殺價或比價，看看感覺如何。

雜亂的鞋櫃

清理的好處

整頓鞋櫃，就能夠整頓家人的健康狀態。把髒亂的鞋子從門口移除，從此家庭門口恢復清新好空氣，健康狀態也能逐漸改善。

清除堆放在公共樓梯間的鞋櫃，能化解家人間的爭端與不愉快，處理雜亂的鞋櫃，就能緩解家庭紛爭。

家中的玄關是否放置鞋櫃呢？家中的門口是否堆滿鞋子？

許多人喜歡在自家門口堆放鞋子，無論是當天穿著的鞋子或是各種便鞋、拖鞋，一律都堆排放在自家門口。

鞋櫃中的鞋子都是經常穿著的嗎？是否擁有許多不合腳的鞋子呢？

雜亂的鞋櫃代表：健康不良、家運走下坡、家庭事務紛亂。

穿過的鞋子充滿濕氣與異味，它帶有人一天活動過後代謝的汗水與廢物，以及充滿疲勞的能量。

沒有經過晾曬或處理的鞋子，直接堆放在自家門口是惡習。

尤其是大量鞋子的堆積，會在家庭門口形成十分惡臭低下的能量。

這意味，我們將低頻與疲勞的能量放在自家門口。

門口是一個家庭的門面。它與健康與興盛的形象有關。

堆放充滿臭味的鞋子的門面，會造成什麼影響呢？

這會影響家庭成員的健康。尤其是主人的健康狀態會受到影響。在門口盤據大量鞋子的居家，主人特別容易罹患慢性病。

許多人連門口外的公用樓梯都挪爲自家的鞋櫃。這說明沒有足夠的空間（或是沒有經過整理），需要將收納鞋子的廚櫃堆放在公共樓梯間中。

由於自家沒有整頓，只能將貯備空間外移。說明我們可能有自顧不暇，家庭事務紛亂，家中常有口角爭端的現況。

鞋櫃中若放置許多過時、不合腳的鞋子，卻捨不得丟棄，說明我們對於現況的不滿採取隱忍或視而不見。

清理的行動方案

一、將一天穿過的鞋子放在陽台上晾曬。讓鞋子充滿吸收陽光的能量，讓強大的陽光紫外線充分為鞋子除濕與殺菌，清除鞋子裡的濕氣與髒污能量。等鞋子恢復乾爽狀態後，再放入鞋櫃中保存。

二、使用天然芳香精油如薄荷或茶樹滴入鞋子中，幫助殺菌，創造清新舒暢感。

三、使用芳香精油滴在面紙上，放入鞋櫃中，就能為鞋櫃增添芳香，清除濕氣與異味。

四、每一季清理一次鞋櫃，將不合腳或很久不再穿著的鞋子整理好，送人或捐贈。不要讓鞋櫃中充斥各種不合腳的鞋子。

玄關置物櫃的清理順序

1. 先將置物櫃中堆積的多餘物品清除。
2. 將抽屜裏面的物品重新整理排序，避免堆積。
3. 使用天然芳香清潔玄關空間。

Chapter 6 客廳與餐廳

客廳代表居家的門面，是我們回到家中第一個接觸的空間，也是家中最具開放性的場所。

或許一個家庭中大多空間對我們來說屬於私領域，並不想對外開放。而客廳卻擁有獨特的開放性與社交性，這是我們招待客人的地方，也是我們最願意向外人敞開交流的空間。

若以一個人來形容，客廳就像是一個人的頭臉，代表個人的形象。而客廳就是一個家庭的門面，是人們賴以界定品味、身分認同或風格的場所。

如果我們感到自我形象不良，總是對於自己的外形不滿意；或對於他人的眼光非常在意，希望獲得他人的認同或肯定，不妨去留意自家的客廳是否出現雜亂堆積現象。

若我們無法與他人分享自己的內在，也無法與人同樂，和人們建立雙向交流的關係時，很可能有大多時間我們總是汲汲營營、內心慌亂；因爲自顧不暇，總是無心打理客廳。

客廳的荒蕪雜亂，就如同我們外在形象的邋遢雜亂。

若想要建立給他人良好印象，重建自己的信心，讓他人擁有較好的信任感時，必須先從打理你的住家客廳開始做起。

餐廳原本是獨立的空間，然而台灣的住所較爲狹窄，客廳與餐廳通常合而爲一，因此客廳通常也扮演有餐廳的功能。餐廳是用餐的專屬環境，具體來說，代表一個人吸收營養的能力。餐廳也與個人享受，享樂與或放鬆休閒的能力有關。若我們的消化吸收的功能低下，總是吃很多卻無法吸收，你不妨檢查一下住所餐桌或餐廳的整潔度。

如果我們總是像陀螺一樣，整天忙得團團轉，沒有時間或餘裕休息或休閒；或眼光總是放在遠方，無法活在當下，享受眼前的快樂。建議你稍微放慢腳步，好好的整理住家的餐廳，看看餐桌與餐廳是否需要進一步整理，或許它們還有更多改善的空間？

客廳沙發與茶几、地板堆滿物品

清理的好處

客廳是能安心的放鬆空間，也是我們願意與客人交流的空間。若想要傳達給他人好印象，重建自己的信心，並建立良好的信任感時，必須先從打理客廳開始做起。

一個人如果能看重日常坐的沙發傢俱，好好清理地板，代表一個人有所本，能夠發展自己的基礎。我們能與地氣連結，從而成爲一個更踏實的人。

打開家中大門，映入眼簾是什麼景象呢？是堆滿成堆衣服的沙發嗎？還是擠得滿滿的紙箱或紙盒，到處在客廳地板中堆放？

客廳中是否放置其他臥房或餐廳才會出現的物品？客廳上的茶几，有多餘的空間可以放置茶杯嗎？上面是否堆滿生活用品或藥品？書報雜誌是否順手堆積在上面？

客廳沙發、茶几地板堆滿物品代表：形象低落、自我觀感不足、身心分離，想法無法落實。

客廳代表家庭的門面，具體而言，也代表一個人的個人形象。客廳的荒蕪雜亂，就如同我們外在形象的邋遢雜亂。

茶几是放置茶具或待客餐點的桌面，具有濃郁的社交性。若因爲客人少來訪，就疏於打理茶几，或乾脆將茶几當作是餐桌，全家移師到餐桌上邊看電視邊用餐，此舉皆遠遠抹殺貶低茶几的社交功能。

堆放物品的沙發與堆積雜物的茶几，說明我們對於自己的形象有羞愧感，可能感到外在形象不足，或總感到自慚形穢，難以與外界分享。

無論是地板或沙發，都是人們會坐下來休憩的地方。地板代表一個人的立足點，坐的動作代表一個人的基礎，也就是與土地的連結。

沙發或地板的空間雜亂，經常堆滿不必要的物品，導致在家中連一個好好坐下來的空間都沒有時，便代表我們沒能發展坐的基礎。我們可能過度將能量集中在頭部，或許有想太多、夜晚無法好睡的困擾，或總是頭重腳輕、身心分離，且無法落實想法。

清理的行動方案

一、每天睡覺前檢查客廳是否有堆積物品，將它們歸回原有的地方。
二、每週花時間整理一次客廳，謹守「不能有堆積物品」的原則。
三、地板零堆積原則：地板清掃乾淨，將堆積的紙箱與紙盒清空。

沒有清掃，缺乏空氣流通的客廳

清理的好處

清掃窗戶，將玻璃擦拭乾淨，就是在維護個人的呼吸系統。而呼吸系統又與一個人的生命力息息相關，做好消毒殺菌的工作，能大大增強提升免疫系統。

經常打開窗戶，保持客廳空氣的流通，代表一個人積極打開對外交流溝通的能力。說明我們願意敞開心，去接受外界的洗禮；同時也藉由正視窗戶的髒污，去清理內心之窗，從而明白自己在抗拒與恐懼的部分。

透過清潔窗戶，將窗戶打開，我們讓新鮮的空氣進來，接納外來的風與外在訊息的刺激；從而重新理解到與人交流是安全的，外在世界也是安全的。

家中的客廳空氣乾淨暢通嗎？窗戶有多久沒有打開了？窗戶玻璃是否蒙上灰撲撲的灰塵呢？

一進入自家的客廳，是否感受到一股霉味？門戶是否緊閉，很久沒有清掃了？

許多人非常害怕打開窗子，認爲開窗戶會引起灰塵，造成打掃上的不便。於是成天關閉窗子，雖然杜絕了灰塵，但也造成客廳空氣沉悶氣滯。

沒有清掃，缺乏流通的客廳代表：呼吸系統健康低下、容易感冒、封閉內心、無法對外交流。

客廳的窗子非常重要，如果客廳代表一個人的頭臉，那麼客廳的窗子，就代表口與鼻等呼吸器官。

窗子蒙塵，很久沒有清掃擦拭；或窗子長年緊閉，缺乏流通空氣；代表呼吸系統受到阻塞，人或許很容易出現呼吸道感染的毛病，可能在秋冬病毒感冒肆虐時，容易感染流行性感冒。你可能經常咳嗽，或有慢性支氣管發炎的困擾。

窗子也代表我們內心的敞開程度。緊閉的窗戶，也意味我們關閉與外界的連結；或許有逃避的傾向，或不願意參與世事，與人交流，將自己封閉起來。

若我們無法與他人分享自己的內在，也無法與人同樂，和人們建立雙向交流的關係時，很可能有大多時間我們總是自我封閉，內心孤獨寂寞；或總因自顧不暇，總是無心打理客廳的門戶。

拒絕打開窗戶，有時也說明著內在的恐懼：害怕受傷，認爲外在充滿危險，唯有躲在自己的小天地中，才能免於衝擊與傷害。

清理的行動方案

一、至少每半年清掃一次窗戶。
二、每天都要將窗戶打開，務必保持室內空氣流通。
三、使用檸檬精油調和的噴霧來噴灑窗戶玻璃，可將玻璃擦拭乾淨晶亮。

客廳的清理順序

1. 將堆積在客廳與餐廳地板的紙箱移除。
2. 將堆積在茶几與餐桌上的書籍與文件清除。
3. 再針對沙發上的堆積衣物或報紙進行清理。
4. 最後清潔地板。

餐桌上堆滿物品

清理的好處

善待餐桌，就是善待我們的消化系統。花心思維護餐桌，代表重視吃進去的食物，帶給身體滋養的品質。整理餐桌，就能帶給人緩慢的用餐品質。開始細嚼慢嚥，學習體會食物的美味，並開始關心消化系統的健康。我們將能逐漸改善胃冷、食道逆流等腸胃不適症狀。整頓餐桌，也幫助我們開始留意吃東西的品質。將重心放在食物的色香美味；我們將能發展分辨食物安全的能力。

家中的餐廳整潔嗎？餐桌上面是否佈滿灰塵，很久沒有打理了？你有專屬吃飯的餐桌嗎？餐桌上有堆放其他的東西嗎？是否連與吃飯不相關的物品，也都堆積在餐桌上？

許多人家中的餐廳並不只用來用餐，還是家中的貯藏間。舉凡藥品、紙箱、書本雜務等，都堆放在餐桌上，有時連坐下來吃飯的空間都沒有，形成非常侷促的用餐環境。

餐桌上堆滿物品代表：囫圇吞棗、用餐不專心、消化力低下、領會訊息的能力障礙。

餐廳是用餐的環境，代表一個人吸收營養的能力。

我們會在吃飯時，從用餐的餐桌擺設或環境周邊吸收到能量。若用餐環境雜亂，充斥各式各樣的物品，讓人感覺煩躁，那麼我們極可能將這種煩躁，雜亂低下的能量吸收到胃腸中。

這很容易造成消化不良，可能因爲無心專注在用餐，一邊看電視或手機一邊用餐。或總是匆匆用餐、狼吞虎嚥，一邊吃東西一邊想其他事情，無法放鬆享受用餐的樂趣。

無論是哪一種狀況，長久下來都會使消化系統出現障礙。

這也說明，我們可能有資訊恐慌症，習於接受大量資訊，卻總是來不及消化與吸收。

或我們無法領會主管或他人交辦工作的要領，也有可能出現學習能力低落，對於分析與消化訊息的能力出現障礙。

清理的行動方案

一、餐桌上只放置與用餐有關的物品，其餘的雜物每週定期清理。

二、維護餐桌的品質，為餐桌採買好看的餐具墊、桌布，為用餐的環境花些心思。

三、花時間裝飾餐桌。買新鮮的花朵插放在花瓶，擺放在餐桌上。有花朵的陪襯，讓用餐的步調緩慢下來，心情自然開懷，消化力自然暢通良好。

在餐廳內放置芬香

可創造徐緩空間的怡人氣息，
令人感覺放鬆，使人在徐緩無壓的環境中用餐。

Chapter 7 工作間與辦公室

你的辦公桌是什麼樣子呢？它看起來整潔舒適乾淨嗎？

辦公桌的形態代表個人專業形象的外在表徵，如同一個人的辦公室穿著一樣。個人的專業從辦公桌是否收拾妥當，可以窺見一般。

無論你是在公司上班還是在家工作，辦公桌的狀態百分百的反應你的工作態度、自律性，以及積極與否的人生觀。

簡潔是美德。簡潔帶來力道與效率。簡潔也能爲工作創造好心情。工作的空間最好避免雜亂與繁複。

整潔乾淨的工作環境與工作的職位並沒有太大的關係。它與一個人是否尊重自己的工作有關。一個處理基層工作的人，也一樣需要將辦公環境打理整潔得宜。那透露出我們對於工作的敬重，熱愛以及意願投入的心。

如果在工作中總是摸魚，偷時間，或經常在敷衍了事中度日；辦公桌或許會呈現出混亂不堪的狀態，如果想要改變工作的態度，先從重視自己的辦公環境開始做起吧！

工作的環境也充分反映我們在工作職場中的人際關係。舉凡與上司，同事與客戶的關係，都能夠透過辦公桌面來反映職場關係的優劣。

若辦公室人際關係不佳，經常與人有爭端，不妨回到辦公桌前，仔細看看桌面是否有加強整頓的可能性。

所謂成功，並不是以賺多少金錢，或由從事職位高低來決定。一個人就算位居基層，若能夠做自己喜歡的工作，投入熱情與學習，一樣也能夠經營出成功又專業的志業。

若你對於工作老是心生不滿，志向無法發揮，感覺無法在工作中找到滿足與成就感，建議好好檢查一下自己的辦公桌，看看是否需要重新整理。

或許就能夠在整理的過程中，重新找到對於工作的定位與熱情喔！

辦公桌堆積文件

清理的好處

致力於辦公桌的整理，代表我們對於工作有一顆積極的心。因爲重視自己的工作，希望不斷的改善與精進工作品質，因此我們會留意工作環境的經營。

打理辦公桌也說明對工作抱持負責任的專業態度。在時間、資料與進度的管理，具有充分的準備與規劃。說明一個人擁有解決問題的能力。

你的辦公桌現在是甚麼狀態呢？

經常可見許多人辦公桌雜亂無章，東西亂堆放，要用的資料與無用的資料雜陳。所有的文件與檔案沒有分類，也沒有先後次序規劃。甚至辦公桌上充斥便當，吃剩的泡麵碗或早上吃剩的早餐等。

雜亂無比的桌面，已經分不清楚是工作還是用餐的環境。

雜亂的辦公桌代表：工作效率低下、健忘、專業度不足。

一個人的辦公桌就代表個人工作的形象與能力。

雜亂的辦公桌代表經常處於善忘的狀態。辦公桌上堆積各資料堆與文件堆，要找的文件經常找不到，光是在尋找文件，就浪費很多時間。

堆積的辦公桌也意味低下的工作效率。經常忙得團團轉，交辦的工作總是無法如期完成，解決問題的能力受到質疑，專業形象受到挑戰。

凌亂的辦公桌面會使人心煩意亂，並使頭腦渾沌。可能辦公室的人際關係出現糾葛現象，或上司與同事間的情誼不良。

辦公桌上出現零食晚餐與早餐時，代表我們的公私領域界限不分，可能在家庭與工作的場域都出現棘手的困擾。

當辦公桌經常呈現混亂時，代表我們可能在心中對於這份工作有無法駕馭的無力感，或我們對工作呈現消極的心態，並不想花時間來解決問題，總是被問題追著跑。

清理的行動方案

一、每天下班前整理一次辦公桌面。將需要馬上處理、待處理等不同程度的文件進行分類。避免讓堆積的文件塞滿桌面。

二、每天工作結束後，使用抹布擦拭電腦與桌面。每週仔細擦拭電話以及桌面周邊的文具用品。

三、雜亂清理完畢後，可挑選綠色觀葉植物，放在辦公桌面上，為辦公桌面帶來新鮮的氧氣與綠意。使工作保持在愉悅積極的狀態。

工作間與辦公間的清理順序

1. 將辦公間與書房地板上堆積的紙箱與文件進行移除。
2. 將辦公桌面上的堆積物品進行整理。
3. 最後整理書架上的文件。
4. 清掃地板、擦拭桌面並擦拭書架。

雜亂的文件櫃與陳舊的資料

清理的好處

工欲善其事，必先利其器。清理檔案櫃與文件櫃，就是在幫助自己磨亮強化工作的利器。

整頓文件櫃，能釐清力不從心的倦怠感。將文件櫃分類整齊，檔案資料歸 得宜，就能幫助我們從混沌無力的狀態解脫出來，由此改善消極的態度。

保持辦公桌用品的嶄新與整潔，說明一個人敞開接收新事物的能力，我們能及時跟上新資訊，有效掌握潮流脈動，同時對於新技術也有較高的接受能力。

環顧一下辦公桌週遭的文件櫃，她們看起來狀態如何呢？

文件櫃是否很亂？她們有經過分類與規劃嗎？能在兩分鐘之內，迅速找到目標的文件夾嗎？

檔案櫃內的資料狀態如何？許多人的辦公檔案裡面，充斥陳年、破舊、泛黃斑駁的檔案資料，透露出年久失修的工作狀態。

雜亂的文件櫃與陳舊的資料代表：守舊、食古不化、無法創新。

雜亂無章的文件櫃，透露自身經營事務的能力退化與喪失熱情。或許個人已經對工作出現倦怠，亂成一片的文件櫃也視而不見。或出現有無力感，對工作產生力不從心的感覺。即便文件櫃紊亂，也產生不了積極整頓的念頭。

置身在破損老舊破損的資料櫃旁邊，會帶給人一種腐敗，食古不化，無法前進的老舊印象。

如果辦公桌資料櫃呈現上述狀態，可能已經有準備退休的打算，或一個人使用舊方法在處理工作。或許思維還停留在上一個世紀，不敢也不願邁向新的里程。

清理的行動方案

一、至少二年更換一次文件收納品與辦公用品。如限於公司預算無法更換新品，務必要維護辦公用品與文件櫃的清潔，避免髒污。

二、運用收納箱、資料盒與文件夾來整頓辦公桌面。有效分類文件，運用不同顏色標籤，為各類文件標上類別的標記。使文件一目了然、整齊劃一。

三、在經濟預算範圍內選購造型獨特與色彩繽紛的辦公用品如筆筒、可愛的滑鼠墊、色彩繽紛的文具盒。運用美麗辦公用品來裝飾辦公桌，每天工作時，接觸與看到都是美的事物，心情會愉悅起來。還能增進工作效率，創造舒服愉快的工作環境。

亂塞的書櫃

清理的好處

清理書櫃，將太久沒有看的書迫切清理與處理。我們就是在正視自己的資訊處理能力。

如果我們喜歡追求與吸收資訊，那麼同樣也要發展出維護資訊與環境的能力。當我們悉心維護每一本書籍，將書櫃整理乾淨清爽，就代表自己與日俱增的跟上資訊的速度。

經常爲書櫃清出空間，不讓書櫃塞爆，就是在爲未來的新知識與新資訊預留一個進入的空間。

你的書櫃看起來狀態如何？

平日是否喜歡買書，有大量購書的嗜好？

書櫃平常是否都沒有整理，書櫃已經達到塞爆的狀態。

由於疏於打理，書櫃上面可能佈滿灰塵；許多陳年的書籍塞滿在書櫃中，各種蠹蟲的痕跡滿佈在書籍上面。

有許多人連小時候的書籍都捨不得丟棄處理？是否有足夠的空間來容納一輩子的書籍呢？

雜亂的書櫃代表：囫圇吞棗、暴飲暴食、消化不良。

書櫃代表一個人看待知識與資訊處理的能力。也代表一個人對於知識吸收消化的容量。

對於如洪流般爆炸的資訊，你的胃納如何呢？你是照單全收，每天像章魚一樣，急著到處亂抓到手的資訊？對於排山到海而來的訊息，你有能力全部吸收嗎？

書櫃亂塞，乃至出現塞爆的現象，說明我們可能有消化不良的困擾；可能我們急著吸收大量的資訊，但是胃納能量卻不夠。或我們恐怕有暴飲暴食的習慣，對於食物或資訊總是囫圇吞棗的吞下，不管是否能吸收。有資訊焦慮症，對於無法跟上或追上的資訊，總是感到焦慮萬分。

對於放在書櫃裡的陳年書籍，無論如何都捨不得丟棄處理，代表我們對於過往的觀念緊抓不放。我們或許有固執、無法變通、難以調整固有的信念。

清理的行動方案

一、每週檢視書櫃的狀態，若有新買的新書，必須先檢查書櫃的容納空間。養成清理書櫃的習慣，清出空間，再採購新書。

二、將滿佈灰塵的書籍擦拭乾淨，一段時間放在陽光下曝曬。

三、使用尤加利精油擦拭書櫃，能幫助書本防蛀。保持書櫃的潔淨，創造舒適愉悅的書櫃空氣。

四、將陳年多時，已經很久沒有翻閱的書籍整理一番。如果狀態不錯，將她們擦拭乾淨，捐贈給二手書店或需要書籍的單位。

雜亂的電腦資料

清理的好處

清理電腦的資料，也在檢視我們對於工作的態度。

爲電腦的檔案建立一個好用的分類系統，代表我們重新以積極的心態，來面對工作的挑戰。

定期清理不用的電子郵件與垃圾信件，意味我們能去蕪存菁，不斷的更新自己的技術與知識，與日精進。

爲電子郵件設立公私帳號之別，代表我們對於工作與隱私的尊重，在公私領域之間設下清楚的界限。

許多人的電腦檔案非常混亂，沒有建立明確的分類，總是花在找檔案耗費大量時間。

你有陳年多時，還捨不得處理的電子郵件嗎？郵件信箱是否塞滿各種廣告信件、訂閱大量卻沒有時間閱讀的電子報、朋友轉寄的笑話與文章、各　私人信件與工作信件充斥雜陳，形成非常混亂的現象。

雜亂的電腦代表：缺乏原則、公私不分、缺乏紀律。

電腦是我們每天處理工作的工具。也是我們保存工作資料與紀錄工作成果的地方。

電腦的狀態就如同工作環境的縮影。

電腦內所貯存的檔案混亂，文件亂存，沒有歸類，反映我們對工作懷抱消極的心態。任由資料檔案紊亂，卻無心去整頓。

可能我們在工作時缺乏紀律。抱持隨性的態度，粗心大意，總是害怕犯錯，卻總是越做越錯，工作的效率低下。

電子郵件信箱充斥工作用信件與私人信件，代表公私領域不分。或許經常將公司資源佔爲己用；在工作上或許經常偷懶，或利用上班時間來做自己私事。

保存大量陳年訂閱文章或電子報，卻從來沒有打開來閱讀者，可能對於資訊有焦慮傾向。害怕自己跟不上時代，希望大量吸收資訊，卻又沒有管理資訊的能力。也或許對於過往的知識有緊抓眷戀的傾向，害怕吸收新的浪潮。

清理的行動方案

一、使用清理鍵功能，將電腦多餘的資料與暫存檔案進行清理；為電腦騰出更多可用的空間。
二、為電腦資料與圖片建立好用的分類系統，選擇直覺式的分類，如此能避免資料隨意歸檔。
三、每個月至少檢查檔案一次，將重複與多餘的檔案進行整理。針對過時的檔案資料進行檢查，不再需要的資料予以刪除。
四、使用私人信箱存放自己的私領域電子信件；避免將工作用的郵件與私人信箱混合。

Part 3

好命的生活，從行程瘦身開始！

Chapter 1 行程表與時間

行程表的狀態代表我們與時間的關係。

你認為時間夠用嗎？你喜歡計畫事情嗎？你願意活在當下嗎？你總是將好忙好忙掛在嘴邊嗎？

如果想要成為時間的主人，希望每天過得平靜安穩，不妨花些時間來檢視你的行程表。

如果我們不想總是被時間表追著跑，希望有更多的餘裕來放鬆，做自己喜歡做的事情，應該靜下心來看看自己的行程表的安排是否有改進的空間。

同時做很多事情的人，經常被認為是強者。不過，過度塞暴的工作量背後，付出的可能是我們的精神耗損，以及難以收拾的身體病症。

如果每天都同時必須做很多事情才會安心者，不妨來看看自己的行程表，學習放手的藝術，並重新制定你的工作計畫。

如果每天的生活中少不了電視，沒有電視與娛樂八卦報章，就感覺好像少了點什麼的人，不妨重新看待自己的生活步調。面對自己真實的內心，看看安靜的狀態會帶給你什麼收穫。

總是滿滿的行程表

清理的好處

將工作分類，看看自己花在開會、講電話或處理文件上面花多少時間。分析哪些是不必要的事項。有哪些可以交辦出去。如果總是有很多事情沒有完成，看看自己的效率是否出現問題。

清空工作，讓自己保持更多的餘暇。若出現空虛或不安的感覺，問自己是否需要外在的認同與證明。如果沒有工作一整天，你要做甚麼呢？你能享受留白的快樂嗎？

你每天被滿滿的行程表追著跑嗎？

大部分人的生活，被滿滿的行事曆追著跑，每天忙得團團轉。總是將「我好忙和我忙得沒時間休息」掛在嘴邊的人，似乎比較受到他人的崇敬與認可，這意味他的事業經營得成功。

總是滿滿的行程表代表：經常頭痛、失眠、缺乏安全感、無法滿足。

你可能有長期頭痛的困擾，更有甚者夜晚無法入眠。

你的能量消耗殆盡。你可能過忙、過勞、思慮過多、過度追求外在的事物。這些外部瑣事，不斷消耗身心的能量。

塞滿的感覺，被大多數人視爲安心與安全。每分每秒都覺得必須過得有意義，塞得滿滿的，不能有任何空閒。必須將自己塞滿，才能感覺到存在感。

總將自己形成塞得滿滿的人，一向都很積極。然而也經常缺乏效率，總將寶貴生命浪費在不重要事情的追求上。可能在生活休閒或工作中都想成爲贏家；或你總是想要擁有一切，卻絕對無法滿足。

然而像賽車選手一樣，一路往前衝的生活終將會疲乏失靈。因爲過滿的行程表會不斷耗盡寶貴的生命能量，以滿滿的工作、行程、學習與社交活動來塞滿生活，同時也將看不見得自我勉強與壓力，塡塞在身體內部，終將引發身體的抗議，引起身心病症。

清理的行動方案

一、學習放慢腳步，減少過多的雜訊。將不必要的行程、多餘的社交與工作事項降低清除。

二、學習將滿滿的時間表進行斷捨離。

三、學習深呼吸、慢呼吸、長呼吸。學習將生活中留白，給自己單獨獨處的時間。

四、將工作時間與私人休息時間立下界線。避免下班後接聽工作業務電話。

花費大量時間看電視與八卦報章

清理的好處

如果你感覺到大眾媒體在傳遞這類訊息時，帶給你不快或負面的感受，代表你並不與這類訊息同頻共振。你可以選擇關上電視，拒看報紙或雜誌。每一個人都有選擇資訊的自由。

如果因爲別人都在看這些訊息，你也盲目跟從，所付出代價的是你的生活品質被干擾與污染。

透過拒絕參與八卦與接收八卦，你能回歸到內在的中心。你會享有更大的平靜與自主權，由此你能花更多的時間往內探索。

回到家中，你的時間如何分配呢？

是否喜歡窩在沙發中看電視，或觀看八卦娛樂節目？

日常生活中，許多人總喜歡花時間八卦。電視與雜誌也總在每天的新聞中，供給大眾各式各樣的八卦小道消息。

當人們喜歡偷窺看人們不幸，這是小我猖狂極致的表現。

媒體透過大眾工具向人們傳播各種八卦消息，那是利用人們小我的低迷消極習性，透過傳這類訊息，將低頻率的能量傳遞給人們；人們接受這些訊息，如果沒有加以覺察，很容易會養成依賴成癮，如果沒有八卦消息就無法感覺生活樂趣。

不論是談論八卦或聽聞八卦，都無助於提升人們的心靈品質。

人們接收八卦訊息，其實是在餵養小我的恐懼心態：藉由看別人的不幸，來安慰自己。

媒體散播八卦訊息，從而送出負面能量。人們接收八卦訊息，如果進而討論、散播，也就加劇負面能量的擴散。

當我們將時間放在無助於提升身心狀態的節目或八卦報導時，我們就是在消耗自己的能量，任由低頻的節目損耗與剝削我們的精神。

若我們將時間投擲在虛耗身心的節目與報導上，就等於允許負面的訊息來佔領我們的時間。

清理的行動方案

一、重新分配自己的時間表，看看有多少時間分配給電視節目與八卦報導。

二、減少觀看電視的時間與頻率，試著讓自己靜下來，選擇外出散步或安靜閱讀。

三、學習獨處，讓自己保持寧靜，將時間清空出來，不要被電視塞爆。

Chapter 2 整頓你的人際關係

人際關係反映我們自己是甚麼樣的人。

基於吸引力法則，來到我們身邊的朋友，完好反映我們個性中好的部分與需要克服的缺點。

身邊如果環繞許多愛談八卦，愛聊是非、或以批評爲樂的朋友圈，那通常反映我們自身也有這個特質。

如果下班後總是有跑不完的應酬與派對，每天忙於交際與娛樂，這反映你周圍的朋友都是屬於這類型的人。喜歡往外跑，可能靜不下來，需要往外來尋求刺激與滿足。

講電話的對象也能看出你的交友類型。如果需要每天花很多時間在講電話，說話的時間比彼此沉澱的時間還要多，這反映出雙方內在都有焦慮與不安全的狀態。

如果你想要改善自己的生活品質，提升交友的素質，不妨好好檢視一下你周圍的朋友圈，都是呈現甚麼樣的品質。

你的生活節奏、所參與的活動、所交流互動的內容，深刻反映你的生活方式。如果對於目前的私生活、所參與的活動與交流不甚滿意，不妨返回你的交友圈中，好好檢視，你的朋友圈是否反映你想要的品質。

應酬與飯局滿檔

清理的好處

學習減少應酬的頻率。你能夠爲自己預留更多私人的時間。向他人表明你的時間是寶貴的，如果是上司要求的應酬，請讓上司明白你的私人時間的重要性。學會尊重自己的時間與空間，他人也會尊重你。

爲自己設下界限，每週或每月只有固定幾天能安排應酬或飯局。讓其他人明白你的界限與原則。

你每天下班直接回家嗎？還是每天有跑不完的飯局與應酬呢？週末是否都忙於跑趴？

你是否參加很多聯誼團體與社團？固定的例會是否已經排到年底？

應酬與飯局滿檔代表：無法離開群眾、害怕獨處、人云亦云。

先看看自己在應酬中的狀態，是否有開心喜悅？

許多人參與應酬，內心其實是被動的。更多時候是爲了聯繫工作情誼，有時是害怕得罪主辦者，因此勉強參加。

爲了應付他人的應酬如果無法拒絕，爲了人情而勉強自己，其實是勞累身體，又影響自己的能量。

無法拒絕他人的應酬邀約，有時反映我們內在的害怕。恐懼會被他人孤立，可能隸屬一個群體會更有安全感；即便這個團體的聚會與飯局令人厭倦。

如果我們對於飯局已經出現內在的抗拒，那麼必須深度問問自己「我爲什麼不敢拒絕出席應酬？」我們是否有人云亦云的傾向，不敢做自己，不敢表明自己的立場？

長時間任由應酬塞滿自己的時間，每天持續像陀螺一樣跑趴與應酬，那麼長久下來必然會出現身體胃腸不適與消化不良。

頻繁參與應酬與飯局，並不能夠帶給我們平靜的身心狀態。由於應酬總帶有較高的目的性，經常在下班仍舊處於業務洽談的模式，會耗損大腦能量，引起焦慮症狀。

清理的行動方案

一、減少應酬的頻率，從每天應酬減少到每週二天或三天。然後逐步減少，看看自己的內在會有什麼變化。

二、學會婉拒人們的邀約，拒絕他人並非是拒絕友誼。向他人說明你的聚會習慣，並建議他人可以電子郵件或通訊軟體來維持情誼。

三、如果是業務上的飯局，盡量安排在午餐聚會。午餐聚會的好處是彼此都能控制時間，不會因為過長而影響私人時間。

四、減少臨時邀約的人來瘋聚會。向他人表明你的時間必須事先預約。

每日花很多時間講電話

清理的好處

減少講電話聊是非的時間。從一段時間的問候與分享，替代每日長時間的電話聊天。這能幫助我們花更多時間往內沉澱。花太多時間來閒聊，會讓你消耗元氣，讓腦子過度轉動，心不容易安靜下來。

向習慣在電話中抱怨閒扯的朋友說不。如此能界定自己的立場，明白並不是所有人都適合做朋友。我們應該拿出選擇權，選擇那些能夠釋放出正面能量的友誼。

每日花很多時間講電話代表：沒有主張、交出力量、隨波逐流、身心分離。

當我們總是隨著外在世界的紛紛擾擾來應對處事、因應別人的情緒來決定心情時，我們的情緒總是像陀螺一樣，整天轉個不停，很難有時間靜下來。

花太多時間在電話上，也會損耗我們的元氣。電磁波會侵蝕我們的身體能量，大量說話更會耗神、使人心力衰竭，大量進行八卦類型的閒聊後，人會出現疲勞感，過多能量聚集在頭部，形成頭痛或情緒低下。

這是因爲在長時間的電話交談中，我們忙著在反應別人的情緒與行爲。尤其是八卦類型的聊天，特別容易隨著別人的情緒起舞。

你每天花多少時間掛在電話上聊天呢？如此是將自己的力量交付給別人，允許他人來操縱我們的感覺。隨著各種通訊軟體推陳出新，許多人一到下班時間就與朋友進行電話熱線，一通話就是數小時之久。

當這類狀況發生時，我們的能量其實是非常低落的，心思意念都被別人牽著鼻子走，我們下意識允許他人弱化自身的力量。

減少講電話的頻率，你能清出多餘的時間給自己。學習獨處，找到那些可以滿足你的娛樂與活動。你能練習不再依賴由外人或外在環境給你訊息與刺激。

你會有足夠的空間留給自己，安靜往內看，你會發現更有能力傾聽內在的聲音。

清理的行動方案

一、減少打電話的頻率。多使用電子郵件或簡訊等通訊方式。

二、只開放固定的時間來通電話。讓你的周遭朋友知道，你僅有固定的時間才能通電話。

三、對長時間占用你時間來講電話八卦者，學習說不。

四、建議朋友打電話前先以簡訊預約，確認自己是否能在固定的時間接聽電話。

隨時掛在社交媒體上

清理的好處

減少停留社群媒體的頻率與停留時間。你能爲自己創造出更多私人時間。無論是獨處還是分享，你都能將主導權從虛擬的環境中奪回來，握在自己手中。並且明白你始終都是掌握自己時間的主人。

由於社群媒體的風行，它正影響絕大多數人的人際關係與生活。許多人一整天都掛在社群媒體上，無論是吃飯、工作、出遊、洽公、等車通勤、運動走路，都不忘在社群媒體上發文。就連與朋友聚會，與家人相處，也隨時牽掛社群媒體，生怕自己被遺忘或漏掉重大的新聞。

走在路上，人人都在低頭看手機。許多人即便到睡覺前一分鐘，都還是掛在社群媒體上。

隨時掛在社交媒體上代表：生活缺乏重心、無所寄託、渴望炫燿、內心空虛、一窩蜂跟瘋心態。

深度依賴社交媒體的程度，反映一個人的人際關係與生活中出現深度的焦慮。你是否有無所掩蓋的孤獨，是否不知道該做什麼娛樂，遂必須透過在社群媒體上的交流才能填補內心空洞？

對於社群媒體上癮者，不妨問問自己，是否有哪些內在的不滿足，希望透過在社群媒體上發表文章與照片，來獲得認同？

對於食衣住行吃穿都要拍照打卡的人，是否總是覺得自己不夠好？大量的照片炫燿，其實暴露出內在的不足與自卑心態。

當我們總是在意或期望有更多按讚人數時，代表我們內在深處欠缺自信。無法從內在深處獲得肯定，沒能眞正得到安寧，遂必須往外追求他人的讚許。

減少不必要的好友名單。將吃喝玩樂的好友名單做定期的清理與整理。並將那些從來沒有與你互動的人進行檢視。你爲何與此人建立關係？與他成爲朋友，對你的身心靈有更多的助益嗎？清理不適合的友誼名單，你能時時將自己保持在那些能夠與你共振，帶給你正面能量的友誼關係。

清理的行動方案

一、減少停留或看社交媒體的時間。為自己立下界限，不要隨時都掛在社群媒體上。每天為自己預留固定的時間來分享與瀏覽。

二、避免在睡覺前瀏覽社群媒體。

三、花時間到戶外走走，接觸大自然。謹記不要一面踏青，一面發表文章。

四、與人們真實的連結與交流。發自內心的交談，而不是僅透過社交媒體的閒聊。

有很多八卦聊是非的朋友圈

清理的好處

不要將時間虛擲在八卦與評判中，它們會消耗你的能量，讓你流失正面能量，處於不利的身心狀態，從而為你吸引到更多不愉快的人事物來到身邊。基於吸引力法則，相同特質的人會選擇聚在一起。

希望結交到高能量的朋友，希望結識充滿正面力量的伴侶，方法無它，你必須先將自己成為高能量的人。

然後更多高能量與你相同的人，自然就會被你吸引，帶到你的周圍。

你有喜歡聊八卦是非的小圈圈嗎？

當你與姊妹淘或兄弟聚會時，你們聊的內容大多是什麼呢？

擁有愛八卦是非的朋友圈代表：你愛八卦、熱衷談論是非、喜歡評判他人。

盡量留意那些愛抱怨、喜歡批評、愛談論是非的朋友圈。

因爲人與人之間的能量會相互影響，當你身處在八卦與批評的環境中，負面的言語帶有低下的能量，抱怨更等同毒素，使你沾染上負面能量。

長期置身在抱怨與八卦是非的言語談論中，你很容易出現頭痛、胸悶、心臟無力，感到嗜睡與疲勞。

不僅是面對面的八卦對談，會直接受影響；即便是在電話中，朋友批評與抱怨的負面毒素，也會透過聲音傳遞給你。

這也就是爲什麼，許多人電話或手機聊天久了，容易出現疲勞或頭痛的原因。

如果你開始致力於往內省，渴望看到生活中各種正面的力量，那些愛抱怨與批評的朋友圈或姊妹淘，也會逐漸與你漸行漸遠。

開始謹慎留意你的生活圈與交友圈，從你經常往來的朋友特質，可反映你目前的能量狀態：是正面還是消極。

不要害怕與舊識漸行漸遠，每個人都有自己的選擇與道路。

也因此，每個人都必須爲自己的道路負責。

藉由負責任的選擇，你會吸引到更符合你的人，來到你的身邊。這適用於人際關係與親密關係的伴侶選擇上。

清理的行動方案

一、將每一天都當做是嶄新的一天，有許多嶄新美好的事物等著你去嘗試與開展。

二、定期清理電話本、手機通訊錄、名片、社群媒體的聯絡人名單。檢查那些經常結伴吃喝玩樂的朋友圈，看看那些人是否帶給你成長與喜悅。如果沒有，請將他們註記起來，開始漸少聚會與聯繫頻率。

Chapter 3 清理購物人生

購物的方式與態度，著實反映出我們對於金錢與物質的看法。

對於物質是否看得很重，對於金錢是否有緊抓不放的想法，都能從我們平日的購物習慣來反映。

如果我們總是買個不停，不買東西就覺得渾身不舒服，那必須回到內在去看看，我們自身是否有強大的不安全感？

若我們感覺必須要擁有非常多錢才能過活，也必須重新檢視我們內在的匱乏感，有一種深度的不滿足驅使我們必須不斷的追求金錢。

對於金錢的態度，就是我們對於愛與豐盛的態度。

如果我們能夠愛自己，如實贊同與肯定自己，我們也能衍生出不抓取、不佔有，隨順而爲的金錢觀念。

如果你的包包或皮夾總是非常亂、經常被裡面亂塞的資料或發票塞爆，不妨來檢查一下自己平日運用金錢的方式。是否總是超支、或有隨便的態度？

若我們經常感到錢不夠用，或總是亂花錢、亂買東西，不妨好好溫習一番你平日的購物習慣。從清理購物的生活方式，就能改善你與金錢的關係。

信用卡很多

清理的好處

信用卡是銀行鼓勵人們消費的工具。透過預支的機制，讓人們能夠任意的購買任何自己想要的物品，滿足自己想要購物的慾望。

減少信用卡的數量，讓我們清楚需要與想要的區別。

對於信用卡節制使用，並覺察的運用，能使我們對於財務擁有更多的自由。

較少的信用卡也能幫助你管理好繳費付款的時間，減少複雜性，讓自己擁有更餘裕。

花費你所擁有的金錢。帶著感激的心情去花費它。你的金錢會產生流動，從而為你創造豐盛的流入。

你有幾張信用卡呢？是否你也不記得到底有幾張呢？打開皮夾數數看吧？你是那種只要有人推銷，你就會辦卡的人嗎？辦信用卡的真正目的是什麼？是為了方便、優惠？還是辦卡的贈品？每個月你使用信用卡超支消費的金額有多少呢？每月你有多少東西是超出自己能力範圍而刷下的呢？

信用卡很多代表：貪慾、無節制消費、內在匱乏。

皮夾裡若塞滿很多信用卡，且很多卡片都屬於少用者。這代表我們並不眞正需要它。

信用卡並不能夠帶給我們更多的金錢。擁有較多信用卡更不代表我們擁有富裕。

必須要擁有非常多信用卡，意味著人內在無底洞的貪慾。

是否有那麼多必需品要採購？是否有那麼多東西想要擁有？

信用卡的量與所擁有的金錢豐盛有直接的關聯性嗎？

擁有多張信用卡，意味我們能多次消費與高額消費。試問自己，當我們擁有更多信用卡時，我們是否會無節制的刷卡購物，買入更多不需要的虛榮物品？

當我們透過信用卡預支購買物品時，內在的能量充分標示著：「我錢不夠、我沒有錢、我不足，所以我要刷信用卡。」每一次的消費，都在爲你揭示匱乏的能量。由此你越刷越多，且越刷越不滿足。

清理的行動方案

一、檢查皮夾裡面的信用卡。哪些是常用、哪些是少用、不常用、或根本沒用過的。對於那些少用或沒用過的信用卡，將它們進行剪卡。

二、當有人向你推銷信用卡時，請婉拒。告訴自己已擁有足夠的卡片。同時也不要為了人情因素來申請不需要的卡片。

三、留下一張或二張信用卡。足夠就好，少就是美好。

四、列出生活中需要購買品的清單，並列出一張想要購買品的清單。比較一下，需要與想要有什麼不同。

購物狂

清理的好處

試著戒除非購物不可的癮頭。

想想如果沒有這些物品的生活，會是如何？你是否會感到空虛？如果是，你允許外來的事物影響我們，甚至操控我們的人生。

戒除對物質依賴上癮的行爲，就是走入自己的內在，拿回自己的力量。

這個世界上，沒有什麼事物比我們內在的力量更爲強大。我們自己才是一切的主宰者。

你喜歡買東西嗎？

大減價的時候，如果不去排隊，你會感到很難過嗎？

在我們的日常生活中，有許多上癮的狀況。

現代消費主義驅使下，廣告的魔力經常對人們放送催眠藥：讓人們產生出如果沒有買某件東西，會睡不著覺，或左思右想，沒買就會後悔的想法。

一旦某事物讓我們覺得：沒有它就不行時，我們就是陷入上癮之中。購物上癮，就是需要留意的現代上癮行爲。

購物狂代表：弱化自己的力量、內在不滿足、生活無寄託。

購物的上癮症讓我們忘卻自己是有力量的，面對排山倒海的購物浪潮，我們無力抵抗。

並不是說這些購買的行爲不好，而是它讓我們產生依賴，認爲自己必須依靠這些外在的物質或購買行爲來獲得滿足。

在瘋狂的購物行爲中，我們等於交出自己的力量給那些物品。允許一件物品能夠操縱我們的身心，甚至左右我們的快樂。

無止盡的購物也意味著人內在的不滿足，因爲生活無目標，無所寄託，缺乏熱情，遂只能在購物的追求中獲得快感。

減少購物的次數，改善依賴購物中得到的快感。由此我們能從被購物控制的圈套中解脫，獲得真正的自由。

減少購物，明白我們並不是爲購物而活。從而了解人生有更多美好的事情可追求，唯有充滿熱情的人生目標，才能帶給我們深度的快樂。

清理的行動方案

一、嘗試減少購物的頻率。每一次當自己想要購物時，說服自己節制。

二、試著去做一些創造性的工作：樂器演奏、烹飪、發明、做陶藝、繪畫、寫作、歌唱、跳舞、園藝、接近大自然，這些娛樂與嗜好能打開你的創造力，讓你發現自己擁有巨大的力量。

三、學習找到一兩件真正帶給自己快樂的學習，專注地去做它，找到自己的熱情。

皮夾與皮包塞爆

清理的好處

保持皮包與皮夾的清爽整齊，說明我們對於生活各處都抱持著積極的態度。我們願意爲自己的行爲負責任，也能看到自己的弱點，正視並面對它們。

清理皮夾與皮包，使包包內的物品一目了然，井然有序。我們用來處理工作與餘暇的時間更爲充裕，成爲時間的主人。

定期清理皮夾與皮包，就是在尊重自己的物品。尤其是裝金錢的皮夾，應該收拾整頓乾淨，如此也能讓金錢流通順暢。

試著做一個練習，將皮包打開，你能清楚看到裡面的卡片、紙鈔、硬幣嗎？

皮夾裡面是否塞滿各種發票、停車券、各種商家餐廳提供的折扣卡、集點卡、折價券等等。

皮包的狀態也是如此，由於皮包的容量較大，許多人索性將能塞的東西都直接往皮包塞。各種路邊隨處發放的廣告面紙、贈品原子筆、廣告傳單、購物紙袋等等。更有甚者，有的人還塞入吃不完的早餐袋。

皮夾與皮包塞爆代表：消極懶散、沒有時間觀念、對金錢與物品抱持隨便的態度。

一個人的皮夾或錢包，可說是外在環境的縮影。如果外在環境沒有整理乾淨，經常呈現雜亂，通常一個人的皮包或皮夾也經常是雜亂的。它說明我們可能生活習慣消極，懶得整理清掃。無法處理的就隨手往皮包裡面塞，造成皮包像是大垃圾堆。裡面經常出現各種意想不到的物品。

當我們無力整頓自己的皮包或皮夾時，代表我們的外在世界也是失控的。乃至於連一個小小的皮夾也看管不了。

常常在皮包裡面翻找東西，花很多時間在找隨身物品，意味著我們對於時間欠缺管理，與人赴約經常遲到。

皮夾呈現塞爆狀態，說明對於金錢的態度隨意。金錢的流向掌握不清，無法珍惜金錢。

清理的行動方案

一、每天睡覺前整理一次皮包。將多餘的物品與不必要的隨手資訊或垃圾進行清理。

二、養成不要隨意拿廣告傳單或面紙的習慣。

三、不要將皮包當作垃圾桶。養成尊重皮包與皮夾的心態，對於每日使用的物品培養惜物愛物的心情。

四、每周至少整理一次皮夾，將塞滿的發票整理好，放置在固定的地方保存。發票、停車券或折扣卡如果是重要的，必須為他們規劃一個固定放置的地方，避免全部往皮夾裡塞。

起居室內放置芳香，

可使空氣淨化、和諧，

讓置身其中的人們感覺安適、愉快。

Part 4

好事會發生，身心靈的清理術！

Chapter 1 清理你的身體

我們的身體就是靈魂居住的殿堂。確切的說就是靈魂的住家。我們需要好好維護身體的清潔，並榮耀它、愛它，保持身體的健康。

當身體出現各種不適、症狀或病症，都充分反映出我們沒能好好對待身體，導致它出現各種不平衡的症狀。

正如同住家空間雜亂與髒亂，反映我們內在與生活的雜亂一樣；身體的不適，也反映我們生活與飲食作息的紊亂與不節制，引起身體內部的阻塞。

如果我們情緒暴躁、嗜睡、總是感覺疲勞、非常容易感到乾渴，這代表我們內在有無法解決的情緒。我們可能透過壓抑、忽略或強忍的方式，來漠視身體發出的警訊。

不平衡的情緒、負面的想法或過於龐大的壓力，都與身體累積過度的毒素有關。

然的節奏，身體出現消化不適或缺水來表達抗議。

習慣性暴飲暴食者也反映了內在的空虛。由於不知道存在的意義，內在欠缺依託與歸屬，必須藉由吃這種生理性的需求來滿足生存的感覺。

到底，要吃多少東西人的胃才能感到飽足呢？

如果我們都能吃天然的食物，就會帶來一種滿足感。那是由身體告訴我們的飽足感覺。相反的，加工或人工食物無法爲我們帶來滿足感，我們只有越吃越多，越來越不滿足。就如同我們吃霜淇淋時，或許可以帶來短暫的快感，卻不會擁有深度的滿足。

減少食物的攝取量，讓我們的胃腸保持適度清空。如此能夠創造更好的消化力，從而使生命力更爲旺盛。

只有在餓的時候才進食，不餓就不吃。讓身體保持清爽，身體會自然告訴我們想要的食物，如此可以培養出我們與食物眞正的關係，我們也能更爲珍惜來到眼前改善身體健康最好的方式就是返回到我們平日的飲食與生活習慣，來好好檢視我們是否曾經以正確的飲食來善待自己的身體。

清理我們的身體，就從檢察我們的飲食習慣做起。

含糖飲料、油炸飲食與加工食品的飲食方式

飲食顯然對於我們的身心平衡有很大的影響。

食物除了能影響身體的健康，也能影響情緒平衡。

哪些食物帶給我們快樂的感受？

用心去體會一下，身體總會告訴我們它所需要的。

油炸的食物、油膩的肉類飲食、重口味大份量的食物，雖然會帶給人短暫的快感，但那絕對不會是快樂。

甜食、精緻的碳水化合物食品（蛋糕與甜點、甜麵包）、加工食品、油炸食物、速食、油炸薯片和各種零食都會容易使你身體阻塞。

依賴大量加工食品與油炸飲食代表：壓力大、情緒發洩、身心活力喪失。

長期慢性疲勞與我們的飲食習慣有關。

許多人度過高度壓力的一天後，慰藉自己的方式就是吃油炸食品，來宣洩身體與精神的壓力。

若平常喜歡吃各種油炸類食物、油炸麵食點心等高脂肪飲食，無法消化的過量脂肪會在血液中形成堆積，影響血液循環的通暢，使血液的換氧能力下降。氧氣與營養無法通過血液順利送往大腦細胞，如此會影響大腦的思維能力與分析力。

吃過這些食物，過了幾個小時後，身體會感覺口乾舌燥、疲勞、胃部沉重、脹氣、甚至會睡不著覺、因爲這些食物中的化學調味添加物以及油脂成分，讓人感覺疲勞，它們損耗身體的能量，令你活力喪失，從而加重身體的負擔。

如果爲了消化壓力，而去吃這些重口味食物，身體會承受更多更多的壓力。

透過積極調整飲食習慣，就能夠積極改善身體慢性疲勞，提高免疫力。想要擁有充滿元氣的一天嗎？就從改變你的飲食習慣做起喔！

減少飲用含糖飲料，以及少吃含糖份的食物、少吃微波食品與加工食品、減少高溫油炸食品、減少速食的攝取、減少化學調味料。

別再以炸雞與珍珠奶茶當作下午茶。改變下午茶內容，建議一根香蕉、蘋果搭配優格。或選擇堅果如核桃、芝麻、花生，或香蕉與玉米來做爲零食或下午茶的點心。這幾種食物含有豐富鎂，帶給人充電熱量與飽足感，比高脂肪的油炸食物更好。

吃太多、暴飲暴食

你的嗜好是吃嗎？每天三餐吃進多少食物呢？我們所生活的這個世界不斷在告訴我們多即是好，各種廣告總是鼓勵人們消費更多，卻從來沒有人告訴我們滿足是什麼。

大街小巷與夜市中，只要是名店，必定有長長的排隊人潮。追求吃永遠是我們社會最普遍取得滿足的方式。

吃太多，暴飲暴食代表：不滿足、貪婪、內心空虛、佔有慾強。

吃是反映人是否容易滿足的體現。飽足感與滿足感經常被視爲同一件事情。各種吃到飽餐廳持續推陳出新，爲的也是滿足人們無法飽足的貪欲。

當我們暴飲暴食，身體會以一種異常缺水的反應來表達抗議。我們容易感到口乾舌燥、心情緊張，甚至還會出現焦慮不安等情緒反映。那是因爲我們遠離身體自的食物。

如果可以的話，請做到以下幾項：

一、每周至少花一天時間實施一天一餐的半斷食法。通過節制飲食的方式，來淨化身體，提高身體的能量。

二、每餐減少飲食的攝取份量，避免塞爆胃腸。剛開始實施減少原有分量的三分之一，習慣後再減半。

三、減少或避免去吃到飽餐廳用餐。

四、不要買團購餐券。

五、只吃需要的食物，減少吃那些想吃的食物。取用得宜，享受簡單帶來的清爽。

六、盡量選擇天然的原味食物，簡單烹調、簡單調味，減少吃加工食品的頻率。

七、減少外食的機會，學習自己烹飪，品嘗食物的原味。

肉食主義

你是肉食主義者嗎？是否每日三餐無肉不歡，沒有吃肉就會感覺沒精神？**依賴肉食飲食代表：脾氣暴躁、性子急、容易失眠、更容易疲勞。**

過度依賴吃肉、長期吃大量肉類的飲食習慣，會使我們更不容易入睡，精神壓力更大，脾氣與情緒更容易暴躁易怒。

肉類的酸性屬性會在身體內形成酸性的體質，使血液呈現酸性。這會影響血液的清潔，汙濁的血液流經大腦，從而使大腦缺氧，整個人成日會顯得疲勞、沒有精神、嗜睡、且容易發怒。

肉類也容易造成胃腸負擔。肉類食物不容易消化，需要發動更多大腦的血液集中到胃腸，來幫助進行消化作用。經常攝取油炸肉食，會使腦部經常處於血液含氧不足的狀態，造成人體更大壓力。

消化力就是一個人的生命力。

由於肉類中並不含有幫助消化的食物纖維，難以消化的肉類，會在身體內部產生阻塞，而阻塞就是血管疾病、腸道疾病、免疫力疾病的發生根源。

阻塞會影響代謝，無法代謝的堆積食物會產生毒素，當毒素循環到全身時，自然會產生各種不適的症狀。

如果可以的話，請做到以下幾項：

一、減少肉類，多攝取蔬食類。

蔬食中含有肉類所沒有的食物纖維，能促進腸道代謝力，更好消化，代謝多餘的毒素，還有充足的鈣質與礦物質，帶給你身心平衡，保持穩定情緒。

二、降低吃肉類與紅肉的頻率。

如果你每天都習慣吃大塊紅肉，不妨調整一下吃紅肉的頻率，改成以一周攝取一次到二次，調整過度依賴紅肉的習慣，讓你的消化系統更爲健康。

三、吃好消化的蔬食。

增加每餐蔬菜與水果的比重，多食用好消化的穀物與地瓜。

四、吃生食。

生食蔬果，可攝取到蔬果中的酵素，有助於幫助消化，排除體內毒素。可多食用色彩鮮豔的蔬果，盡量以生吃或榨汁飲用最好。

五、感覺壓力大時，吃一顆蘋果。

很多人習慣吃重口味的肉類來尋求抒壓。你可以選擇一種水果來做爲下午茶的點心，下午壓力龐大時，輕輕啃一顆蘋果，微微香甜的果酸能幫助你放鬆與療癒！

六、減少聚餐的頻率。

許多人聚餐多以肉類爲主，盡量減少聚餐的頻率，或建議朋友到以蔬食爲主的餐廳用餐。

過度依賴咖啡因飲品

如果必須依賴某種食物或飲料才能維持工作或生活狀態時，必須非常警覺自己的身心狀態，是否交出了自己的主導力量，任由外來的食物來控制我們。

咖啡某種程度也像是毒品一樣會讓人上癮，那便會控制我們的身心狀態。

減少飲用咖啡，就是將我們的主導權拿回自己手中，而不是依賴一種飲品。

許多人都有每日喝咖啡的習慣，如果沒有喝咖啡，常常一整天都會感覺提不起勁。有的人甚至一天喝多杯咖啡，十分依賴咖啡帶來的興奮與提神效果。

依賴咖啡飲品代表：壓力大、情緒發洩、身心活力喪失。

咖啡因會使人興奮、充滿活力，然而咖啡因的刺激效果大約在半小時後就消退了，如果我們對於這種刺激性上癮的話，會需要一而再再而三的續杯。

咖啡中含有最多刺激效果的咖啡因。喝完咖啡後，會產生短暫的亢奮與興奮感，大約到半小時後，咖啡因的效果達到最高峰，往往能使工作效率與靈感大幅提升。

然而在三小時過後，會減退一半，如果身體已經習慣咖啡帶來的刺激效果，會持續想要再喝第二杯、第三杯，以達到同樣的興奮感。

咖啡因是一種會消耗人體能量的物質。雖然咖啡因會使人清醒，然而它會刺激新陳代謝，並增加熱量的消耗。

另外，對於咖啡上癮成習性後，會產生許多副作用，如頭痛、失眠、胃腸不適、脾氣不穩定、神經焦躁等，咖啡中的單寧酸，更是造成人體便祕的主要原因。

同時咖啡因也與女性的經前症候群有關係，它也容易導致膽固醇過高，如果飲用過量，會刺激胃液分泌，造成胃潰瘍。

由於咖啡因本身具有利尿作用，當咖啡攝取量過多時，許多營養素在身體內被吸收之前，就已經被沖刷出體外，身體因而喪失許多珍貴的組織液。

如果可以的話，請做到以下幾項：

一、多接近那些提高身體能量的食物與飲品，如蔬果與蔬果汁。

二、改喝無咖啡因的花草茶，透過溫和的花草茶帶給身體更高的消化力與身心平衡。

三、減少咖啡因飲品的攝取，如此能大幅度提高能量，減少身體的消耗，活出更爲輕盈靈動的大好人生！

Chapter 2 心靈：開始每日小清理

每一天的生活，我們經常帶有不同的情緒。我們的情緒會透過人與人的接觸相互影響與傳播。人們帶著不同的情緒停留在公共空間中、在居家與辦公室工作時，空間中也充滿各式各樣的高低能量。

有時我們感覺很舒服、很愉快、感覺心情高昂時，那是因爲我們可能處在明朗正面的能量中，釋放積極向上的氣場。於是正面情緒便能支援我們，帶給人進化與拓展的力量。

有時我們會感到憤怒或情緒低落。特別是當我們如果與人不愉快、發生口角或衝突吵架的情況，憤怒與低下的情緒遂會充滿身體中，帶給人不舒服、煩躁、情緒低落的感受。

甚至是工作或人際關係中帶來的壓力、阻礙不順或挫折，也經常會影響我們的情緒，使我們感覺抑鬱、沮喪或焦慮。

我們應該致力為自己的身體與心靈，經常性的清理與淨化，來幫助保持情緒的高昂與正面。

正面能量能吸引正面的好事到來。如果在一天的開始，爲我們的情緒進行清理，可說是具有積極的作用。它能振奮我們的心情，提升精神的振動頻率，使我們一天喜悅開心，由此爲一天的好運揭開序幕。

有許多的方法都能幫助我們清理心。音樂、使人喜愛的芳香、大自然、泡澡、鮮豔的色彩等等，都是幫助我們快速清掃負面能量的積極方法。

好好的把握清理與淨化工作，每天早晨與夜晚睡覺前，爲自己進行心靈的清掃與排毒。

清理乾淨，就能帶給內心深度的平靜與和諧。這也是創造好事、締造好運的基礎喔！

使用芳香

每一天回到家中，我們帶著各式各樣的情緒回家。這些情緒有時候是開心與喜悅，更多時候可能攜帶壓力、憤怒與悲傷、挫折。

如果工作的人際關係不和諧或工作出現波折，這經常會影響我們的情緒，於是我們居家環境中也會充滿較低的負面能量。

芳香使情緒正面積極。

負面的情緒像是病毒，四處傳染，它會使心生病，也會使我們持續吸引到不愉快的生命經驗。

使用天然的芳香療法就是非常正面的的工具。當我們感覺不舒適、無法放鬆，感到有壓力、或覺得自己爲某件事情固執己見時，都可善用天然芳香來改變情緒狀態。

如果我們總是懷抱各種壓力，這些毒素會逐漸侵蝕我們對生活的熱情。學習運用抗壓的香氣，如薰衣草、馬鬱蘭、德國洋甘菊、葡萄柚、花梨木、薑，能幫助我們化解緊張、不安與焦慮，並紓解安撫長期疲勞的身心狀態。

在碰到人生中重大挑戰時，是否如同爆炸的氣球一樣，無法控制自己的情緒？這些時刻學習情緒管理更顯得重要。

運用各種鎮定人心的香氣，如迷迭香、乳香、薄荷、羅勒、萊姆、佛手柑，能幫助我們平息憤怒、暴躁情緒，來改善混亂不安的心情。

當我們嗅聞到愉快的芳香時，原本固執的想法會發生轉念。讓原本僵化的頭腦放鬆下來，不再緊緊抓住固執的事物不放。

說芳香是改變心靈的魔法一點也不爲過。芳香使我們在任何時候都擁有積極的態度，讓負面低迷的情緒轉念，可說是調和情緒的積極工具。

雖然，嗅聞芳香並不代表所有煩惱的問題都能獲得解決；然而，當芳香爲我們的心中注入陽光時，會幫助我們立即忘卻痛苦與憤怒，讓想法往正面的方向發展。

芳香能療癒心靈。

當我們碰到痛苦或創傷，如果沒有積極應對處理，傷痛往往會遺留在心中，成爲難以磨滅的傷口。舊傷經常使人難以走出痛苦，時不時就受觸碰到內在按鈕，這使人無法迎接新生活，經常以憂鬱的態度面對人生。

天然芳香具有優越的清理能力，對於清理內在的陳舊傷痛特別在行。檸檬、甜橙、茶樹、尤加利、百里香，幫助我們清掃累積心中的有毒情緒：悲傷、憂鬱、愛抱怨、悲觀傾向、妒忌、批判、受害者傾向。

正面積極的芳香可以爲悲觀消極的人們內心中，注入明亮的光線。嗅聞到積極的芳香，往往會使我們產生：「原來世界並不是這麼窄小的、我還有其他的道路可以選擇！」等積極想法。

讓原本已經對生活感到厭倦悲觀，無法感受美好陽光普照的人們，給予療癒與支持。芳香藉由讓人們看到自己內在的光，找到安全感與支持，從而看到世界的正面價值。

淨化空間的能量。

芳香也能幫助潔淨周遭的環境，使環境氣場更爲清澈乾淨。

如果環境中有人爭吵，或在辦公室發生激烈的爭論。對立的場面儘管已經結束，然而它產生的負面能量，卻會在空間中擴大蔓延，影響辦公室人們的心情。受到波及的人們，往往會出現情緒低落、憤怒、焦慮或悲傷，這是負面情緒傳播的效力。

我們可運用具有陽光特質的芳香如葡萄柚、佛手柑、甜橙或薄荷，在辦公空間中釋放，讓舒服愉快的芳香因子在空間中傳播。芳香能吸收負面能量，使空間中的低迷能量獲得清理，宛如更換空氣一般，芳香能積極的更新空間中的能量，使辦公室重新恢復良好的氣場。

當我們搬入新家，或一年結束時的大掃除，都可運用芳香來清掃家中的情緒能量。

使用杜松、雪松、肉桂精油，能幫助移除堆積在空間中的陳舊情緒，讓空間中的振動頻率快速提升，恢復嶄新與流暢的狀態。

天然的芳香總是帶給我們大自然的氣味，使我們情緒提升，感覺快樂與充滿活力，讓我們在短時間就能恢復生機勃勃的狀態。

每天晚間睡覺前，或在沐浴的時候，都可以使用芳香來淨化。

在淨化的香氣幫助下，幫助我們一掃負面能量，成爲一個釋放正面能量的人。

使用各種滋養內在的香氣，讓心找到安定的著力點，獲得支持與保護。

不妨每日使用芳香，來幫助自己找到內在的力量，重拾生命的快樂，成爲一個平衡的人。

玄關或通道的邊桌上放置芳香，
可促進空氣流通，清理消極、遲滯的氣氛。

曬太陽

陽光能驅逐人內在精神的陰暗面，幫助你大大提升活動力與積極性。陽光對於身體的免疫力，更有重要的助益。陽光可幫助人體產生維生素D，這是保護骨骼成長的重要營養素，也是維持人體免疫力健康的重要營養物質。

每一天至少要在陽光下面曝曬十五分鐘，可增強身體強健免疫力。

每一天我們能送給自己最好的禮物之一，就是到戶外去曬太陽。因爲多曬太陽能提高我們的能量狀態。

陽光可說是大自然送給人們最好的禮物。陽光擁有非常正面的能量，它能滋養植物，使萬物勃發生長；陽光也能調節人們的生理時鐘，讓世界的萬事萬物都處在美妙的秩序中。

陽光化爲精密的振動頻率，在體內燃燒，這就是生命力與創造力的源頭。感受一下太陽的溫度，擁抱陽光的美好，它能激勵疲乏的心念，讓所有的事情重新找到自己的節奏！

自從發明燈光之後，人們逐漸將陽光關在門外。日夜顛倒、阻絕光線，人們過著沒有時序與節奏的生活。太陽的光線，普遍被現代人揚棄與排斥。害怕曬黑、害怕罹患皮膚癌，陽光的負面印象不斷的被傳遞著。

沒有陽光照射的空間，將是單調乏味的。相同的，經常缺乏陽光的人，比較不容易感受活力，對於世事也容易產生負面態度。長久沒有接受陽光洗禮的人，長期下來比較容易引發憂鬱情緒。

早上八點到十點間，是最好的曬太陽時間，若陽光充足，盡量到屋外走一走。這時間的陽光中紫外線A光束最多，能有效幫助皮膚中的膽固醇轉化成更多的維生素D。在這時間段多曬太陽有助於增加血液中的維生素D，能抵抗骨質疏鬆症狀，幫助提高身體的免疫力。

不僅你的身體需要多曬太陽，你的物品、書本、棉被與床單，也很需要陽光的正面能量！

趁著陽光大好的周末，將棉被、書本、床單或玩偶、球鞋等，拿到陽光下來曝曬。等到太陽下山後，收成你的陽光好物。這些溫熱、吸收滿滿太陽正面能量的物品，能夠長長久久的爲你服務，讓你吸收到最棒的健康能量。

現在就開始學習沐浴在清晨的陽光下，從感受明亮的太陽，展開你的一天吧！

點亮心情的色彩魔法

在日常生活中使用鮮豔的顏色，是一種有效提振能量的方式。美麗的顏色可以瞬間改變心情，讓疲憊的心獲得滋養。

早晨起床，發現今天的天氣很糟，或遇到刺骨嚴寒的低溫寒流，這時心情難免就會受到影響。

這時你可以選擇自己喜歡的顏色來裝扮自己，色彩具有魔力，而且是一種絕佳美麗的魔力。色彩總在不同時刻裡，帶給心滋養與感動。

鮮豔的紅、美麗的桃紅、深紫色、艷紫紅色、浪漫的粉、充滿陽光的黃，帶給人春天感受的鮮綠、美麗無比的粉橘色，這個世界有如此多的色彩，你是否都體驗過她們的美妙？

不同的顏色攜帶著不同的波長，也帶著不同的頻率。綠色系具有療癒的能量，粉紅色帶給人柔軟心的力量、金色可開啓你的智慧、藍色能使你冷靜、紫色使你富有直覺、黃色能帶給你明朗開懷的心情、橘色可使你具有冒險的心，幫助你付諸行動……。

經常沐浴在自己喜歡的各種顏色中，是感覺最爲快樂的事情。

你對於色彩的選擇可以展現在衣著的選擇上，或是個人用品的挑選上。

只要是自己喜歡的顏色，就是讓自己舒服的顏色，身處其中自然也能感到安心。不妨大膽自信選擇屬於自己的個性色彩，然後放入你的生活中，讓色彩的魔法愉悅你每天的生活。

如果感到生活低迷沮喪，不妨多使用鮮豔的顏色來裝飾你的居家與自己的裝扮。色彩能激發我們的活力，重新燃起擁抱生活的熱情！

在大自然中散步

建議大家盡量利用周末假期，到森林裡面踏青，享受大自然的綠色洗禮。森林浴就是一種天然的舒壓與清理。

森林裡充滿各種幫助降壓的天然成分，如芬多精、含氧量高的空氣、負離子、美麗的綠色、天然的聲音（溪流與瀑布聲、鳥鳴聲、樹葉與風交織的聲音），以及能治癒身體的陽光。

森林的空氣非常乾淨清新，含氧量很高，是平地城市的數倍。待在森林裡面，充分吸收乾淨的氧氣，就能幫助提高血液中的含氧量，能緩解壓力帶來的頭痛症狀。

充足乾淨的森林氧氣也能調節神經系統，對於改善心臟，提升大腦活力功能都有所助益。

在繁忙的都市生活中，我們接觸過多的電子產品，如手機、電話、電腦、電視等，因此接觸過多電磁波的結果，就是導致大腦與身體失去連結，出現失衡現象。進而出現情緒緊張、失眠，並引發焦慮，甚至脾氣暴躁等症狀。

不妨脫下鞋子，赤腳在泥土上面踩踏行走。接觸土地，雙腳就能吸收來自大地的負離子，幫助人體接引地氣，讓身體中多餘的正離子能量能夠透過腳底排放到大地中，使身體內部的正負離子能量平衡。

你可以盡量去接近河邊、湖泊或海邊。新鮮潔淨的水，能夠保持人體的活力。接近大海，享受大海的海水浴可說是最自然放松，也能讓人回到原始最初狀態的舒壓方法。

人體基本上由水構成，經常接近清靜的水源，可以幫助改善與淨化人體的氣場，讓人遠離紛擾煩憂。

接近大自然，赤腳走路、吹風、接近海洋、大自然冥想、擁抱樹木等活動，大自然的天然力量能激發人體，幫助你找到內在最眞實的力量，湧現解決問題與煩惱的智慧。

淨化身心鹽泡澡

大家知道爲自己進行心靈排毒的重要性嗎？

每一天我們會接觸各式各樣能量，無論在辦公室工作、搭乘大眾運輸系統，或走在擁擠的公共場所中，由於人群眾多，能量也特別濁重混雜，使我們不知不覺吸收到各種負面的能量。甚至當你毫無覺察的走進一間餐廳，你可能也無意識地吸收店內客人吵架紛爭的低下能量。

如果沒有定期爲自己進行清理，這些負面的能量在身心堆積，經常會影響你的健康、阻礙你的人際關係，最直接的就是影響你的情緒，使你心煩意亂。

每天夜晚，你可以為自己來一場海鹽的泡澡。

來自海洋的鹽，是一種頻率非常高的物質。海鹽能清除身體的毒素，對於淨化心靈也特別有助益。

從古老的年代，人們就很喜歡使用鹽來淨化身體與空間。鹽可以吸收空氣中的濕氣，對於負面的能量也有很好的淨化效果。

使用鹽來淨化身體，能消除身體系統內的有毒物質，使你更富有直覺與感知能力。方法是使用一杯海鹽加入洗澡水中，夜晚浸泡至少二十分鐘。如此你將能清理在一天下來所遭遇的各種負面能量，使你保持清爽潔淨，有助於提升與更新每天的能量狀態。

特別是在航空飛行後，一場鹽泡浴更為重要。

由於高空飛行會使得身體承受更多壓力，低壓缺氧的機艙在高壓環境中飛行，會導致身體的節奏扭曲，使人體的能量遭受大量破壞。

旅行歸來，或抵達旅行目的地時，最好能盡快以海鹽來泡浴，幫助自己排出毒素，做好淨化與恢復能量的工作。

運用鹽泡澡來日日更新自己的狀態，每天都能帶著嶄新的活力銳意出發！

體驗運動的魔力

每一天我們經歷不同的事情，身處不一樣的環境，接觸到不同的人們，或許一天下來你的能量狀態起起伏伏。

如果經驗到焦慮與驚嚇的情緒，或遇到爭吵、批判或爭戰的場面，會引起不安，感覺身心不舒服，這是能量掉落的徵兆。

如果任由自己的情緒狀態低落，那麼就是在遠離我們的內在中心，與和諧寧靜的品質背離。

每一天，我們都有機會致力於提高自己的狀態。這需要你得留意與努力。**對大部分人來說，最簡單提升能量的方式，莫過於運動。**

運動能夠激發大腦分泌出快樂的激素，內啡肽與血清素物質，這種天然的嗎啡可使你快樂興奮起來。這些激素能調節情緒，幫助擺脫低迷情緒，改善憂鬱，使人振奮並保持正面樂觀的人生態度。

內啡肽是一種天然的止痛激素，大腦中的內啡肽含量過低時，人體會感覺憂鬱沮喪，甚至出現焦慮症狀。透過運動能產生較多內啡肽物質，能增加愉快舒適的感覺，有助於舒緩焦慮與不適疼痛感。

血清素也是對於人體情緒有益的激素，當人體內的血清素數值過低時，人體很容易出現暴怒，並經常感覺壓力龐大。運動產生的血清素，會使人鎮靜與平和，具有卓越的安定作用。

無論經歷多麼不如意的一天，或多麼勞累憂煩的一天，都可以藉由運動，大量的流汗，鍛鍊你的身體來恢復高頻的活力。

如果運動的時間夠長，運動的強度越大，那麼所釋放出來的激素也會越多，它能帶給你興奮與愉悅的感受，自然憂鬱也就不藥而癒了。

現在就透過制定一個良好的運動計畫，來為身體與靈魂進行每日更新吧！

接觸美的事物

每一天，當我們感到能量疲乏低迷時，可以選擇一個簡單的方式，來提升自己的能量狀態。讓自己多接觸美的事物。

經常讓自己處於美麗的環境，這是一種積極提升能量的鍛鍊方法。透過視覺的鍛鍊與接觸，讓自己的視覺感官，自然接觸與吸收美麗的事物、美麗的形體、美麗的風景，自然人的內心也會感到美，一種由內而外的美麗就由然誕生了！

美的事物並非是一定要置身於昂貴奢華的環境之中，也絕非需要透過大筆花費才能擁有。只要花些心思，願意多留意環境中的各種美的事物，主動去接觸與聆賞，你可以透過日復一日的鍛鍊，造就美好的心靈。

去美術館、去畫廊看一次美術展覽、博物館裡的古物絕非陳年老舊之物，多看經典的、古典的事物，對於審美與鑑賞能力有很大的幫助，久而久之能夠鍛鍊出自己的品味。

若一開始抗拒美術館的嚴肅氣氛，不妨養成習慣，多多觀看街道的建築、百貨公司的櫥窗。或多翻看時尚類雜誌，觀看國內外的時尚訊息，讓自己的眼睛習慣性的看美的色彩、美的形體、美的造型，試試看，一段時間後您會擁有自己獨立與獨特的審美觀點。

此外，接近美麗的花朵、美麗的大自然風景、聆賞美好的音樂、閱讀經典的書籍，這也都是能夠提升你的美力。

美麗的心境，是透過鍛鍊產生的。一旦擁有美的心境，你的能量自然也會提升起來！

大笑的魔法

大笑且愉快的笑是趕走致癌毒素的最有效方法，當我們在壓力大時，應該暫時擺脫繁瑣事務，多看些幽默片或漫畫，尋求精神上的轉移。

如果在一天之中感覺到壓力，有碰到些許不適或障礙，我們完　有方法可以來應對他們。

最積極的方法之一，就是保持笑容，讓心中充滿喜悅。

你或許會說，碰到挑戰，我如何笑得出來呢？

是的，挑戰經常使我們感覺不舒服，心中充滿困難的感受。

一個喜悅的想法會帶來更多喜悅的事物。

通過你聚焦在美妙有趣、充滿喜歡熱情的事物的想法上，你能夠不斷的爲自己創造更多美妙的好事情到來。

試試看，眼前的現狀眞的不算什麼？重點在於你如何思想，如何感受。有能力在困難與不適的狀態面前，努力聚焦在美好，讓自己開懷起來，相信我，你一定能夠扭轉眼前的劣勢。

確切的說，讓自己保持喜悅，就是改變命運，化解障礙的自我提升之道。

各種生氣與憤怒的情緒都會爲我們的身體充滿了各種毒素，長期以憤怒與怨恨情緒生活的人，終究會讓精神上的毒素損害身體。

微笑能幫助破解這些毒素，讓你自在且健康。

放聲大笑能提高身體的免疫力，使免疫細胞變得更加活躍。即使是一則幽默的笑話也足以使人的免疫力提高。歡笑還可以促進血液循環與幫助，並有效降低血壓，從而緩解肌肉的緊張感。歡笑可使干擾素明顯增加，從而使免疫細胞變得更活躍。

每天都有困難或挑戰在面前等著我們，如何面對挑戰與困難的態度，將是決定你是否能輕鬆跨越挑戰的關鍵。

記住，喜悅是扭轉困難的魔法，不要對抗困難，讓喜悅帶著你，順著流走。

試著發自內心做一些小小的改變，您會擁有無窮的收穫。

改變自己的態度，讓微笑成爲你生活中的化妝品。

在困難面前微笑，保持喜悅。你會發現工作將變得輕鬆多了，而困難與壓力也沒想像中那麼可怕了。

養成習慣，一開始有灰色負面的念頭出現時，趕緊抓住它，轉換念頭與想法。把好笑愉快的想法置入。

使用肯定語意來強化你的清理決心：

「我以微笑來面對每天的挑戰，面對困難時我保持喜悅，

我有能力化解障礙，

我信任喜悅是我的魔法師。」

讓自己感動

你上一次出現感動的情緒是在何時呢？

日常生活中，你是一個會爲小事情感動的人嗎？

感動是一個了不起的心靈洗滌劑，具有卓越的心靈淨化力量。

當一個人處於感動狀態時，會賦予人一種強大的能量。

這幫助你吸引創造許多美好的事物到來，幫助你心想事成！

隨著年齡的增長，許多人似乎越來越不容易感動。

然而日常生活中確實隱藏許多值得我們感動的小事物。去聽一場你喜歡的音樂會、去森林裡面走走、讀一本美好的小說、吃一樣療癒系的食物……。

經常接觸那些你喜歡的事物，讓心靈保持在經常感動的狀態，

這不僅是心靈排毒的妙法，讓你接引高頻的能量；

同時她也能預防老化，使你保持青春喔！

每天都對自己說：「有許多美麗的事物都能讓我感動，我每天都接觸讓我喜悅的事物，

我欣賞萬事萬物的美麗，我保持在感動的愉悅中。」

結語：清理有甚麼積極的效果？

最後，爲您總結在本書中提到的各種清理方案，如果徹底執行時，會爲你帶來什麼結果？

一、讓頑固的人開始改變。
二、清理改變自己，也可以改變周圍的人對你的態度。
三、清理使你更爲圓融，脾氣變好，對人開始和顏悅色。
四、清理使你的人際關係開始變好。
五、清理幫助改善便祕。
六、消除頭痛。
七、幫助減肥。
八、積極清理可獲得新的衣服。
九、紓解壓力。
十、更有想法與點子，解決方案更容易出現。

十一、消除身體疲勞。

十二、帶動周圍的人開始一起清理，原本不愛清理與打掃的家人，因爲你的清理，也開始主動清理。

十三、更爲珍惜物品與物資，重新看待你與物品、你與空間、你與自己的關係。

十三、清理使你享受簡單自在，擁有不再抓狂的人生。

十四、開始看到人世間美的、好的部分，以及別人身上的善良優點。

十五、運氣越來越好。

十六、工作變得越來越順暢。

十七、還有更多好處嗎？等著你來寫下它！

清理是一件最積極的心靈工作。

把清理當作是每日的基礎修行，讓它眞正改變你的內在。

遇到人生問題時，別嘗試要搞定它，往內清理，你會發現奇蹟！

附錄一：環境與身體的關係

臥房與身體的關係

- 雜亂的床鋪代表容易失眠，健康狀況低下。
- 塞滿物品的臥房代表靜不下來、焦慮、過度疲勞。
- 髒亂的臥房與化妝台代表故步自封、不重視外在形象、人際關係不良。

浴室與身體的關係

- 積水或漏水的浴室代表情緒阻塞、懷抱過去負面記憶，悔恨中過日子。
- 髒污的浴室代表自我形象低落、排毒系統失調、懷有負面苦毒情緒，無法寬恕。
- 堆滿物品的浴室代表逃避、搪塞、掩飾恐懼、爲自己找藉口。

廚房與身體的關係

- 髒污的水槽代表火氣旺盛、家庭不和諧、容易出現口角爭端。
- 充滿汙垢的瓦斯爐代表缺乏熱情、欠缺動力、凡事提不起勁。
- 油垢髒污的砧板與流理台代表無法付出、對於接受有障礙、金錢出現問題。

■ 雜亂的冰箱代表胃腸健康低下、消化吸收的能力紊亂、貪婪浪費。

■ 吃剩的食物、未經處理的廚餘代表浪費揮霍、無法感恩、影響健康。

衣櫃與身體的關係

■ 堆積如山的衣櫃代表生活與工作混亂、職場人際關係受挫、便秘。

■ 不換季代表沒能活在當下、對生活消極。

■ 不清洗的衣物代表負面能量堆積、消極、容易吸引厄運。

■ 臨時堆放的衣物代表界線不清與隨意態度。

■ 喜歡囤積舊衣代表緊抓、頑固、抱著過去不放。

■ 喜歡大量購衣代表無法宣洩的焦慮、壓力、匱乏感。

抽屜、鞋櫃、置物櫃與身體的關係

■ 堆滿雜物的抽屜代表忙亂慌張的生活節奏、疲於奔命、經常救火、急就章。

■ 滿佈舊日紀念物的廚櫃代表緊抓舊日回憶不放、活在過去的時光裡，無法邁開步伐迎接新事物。

■ 塞爆生活備用品的廚櫃代表恐懼不安，對未來有深度的匱乏感。

■雜亂的鞋櫃代表健康不良、家運走下坡、家庭事務紛亂。

客廳、餐廳與身體的關係

■客廳沙發、茶几地板堆滿物品代表形象低落、自我觀感不足、身心分離，想法無法落實。

■沒有清掃，缺乏流通的客廳代表呼吸系統健康低下，容易感冒，封閉內心，無法對外交流。

■餐桌上堆滿物品代表囫圇吞棗、用餐不專心、消化力低下、領會訊息的能力障礙。

工作間、辦公室與身體的關係

■雜亂的辦公桌代表工作效率低下、健忘、專業度不足。

■雜亂的文件櫃與陳舊的資料代表守舊、食古不化、無法創新。

■雜亂的書櫃代表囫圇吞棗、暴飲暴食、消化不良。

■雜亂的電腦代表缺乏原則、公私不分、缺乏紀律。

附錄二：精油的使用訣竅

■每周一次使用小蘇打粉加上檸檬、薄荷精油，擦拭水槽表面，如此能保持水槽乾淨光亮，幫助殺菌，並使水槽保持清新舒爽的狀態。

■使用茶樹、尤加利、百里香芳香精油來為流理台與沾板進行消毒。清潔乾淨後，撒上上述精油擦拭一番，可殺菌防黴。

■使用天然芳香的清潔劑如小蘇打粉與芳香精油來為冰箱除菌，就能維護居家飲食安全無慮。

■食物廚餘應盡可能保持乾燥，嚴防異味外露。使用小蘇打粉加上百里香精油混合撒在廚餘上面，再打包起來，可幫助殺菌，清除異味。

■使用天然精油為衣櫃除蟲，並增添衣櫃芳香。

■使用天然芳香精油如薄荷或茶樹滴入鞋子中，幫助殺菌，創造清新舒暢感。

■使用芳香精油滴在面紙上，放入鞋櫃中，就能為鞋櫃增添芳香，清除濕氣與異味。

■使用檸檬精油調和的噴霧來噴灑窗戶玻璃，可將玻璃擦拭乾淨晶亮。

■使用尤加利精油擦拭書櫃，能幫助書本防蛀。保持書櫃的潔淨，創造舒適愉悅的書櫃空氣。

■使用杜松、雪松、肉桂精油，能幫助移除堆積在空間中的陳舊情緒，讓空間中的振動頻率快速提升，恢復嶄新與流暢的狀態。

■學習運用抗壓的香氣，如薰衣草、馬鬱蘭、德國洋甘菊、葡萄柚、花梨木、薑，能幫助我們化解緊張、不安與焦慮，並紓解安撫長期疲勞的身心狀態。

■運用各種鎮定人心的香氣，如迷迭香、乳香、薄荷、羅勒、萊姆、佛手柑，能幫助我們平息憤怒、暴躁情緒，來改善混亂不安的心情。

■天然芳香具有優越的清理能力，對於清理內在的陳舊傷痛特別在行。檸檬、甜橙、茶樹、尤加利、百里香，幫助我們清掃累積心中的有毒情緒：悲傷、憂鬱、愛抱怨、悲觀傾向、妒忌、批判、受害者傾向。

■我們可運用具有陽光特質的芳香如葡萄柚、佛手柑、甜橙或薄荷，在辦公空間中釋放，讓舒服愉快的芳香因子在空間中傳播。

國家圖書館出版品預行編目(CIP)資料

開始整理,好事會發生 / 簡佳璽著. -- 初版. -- 新北市 : 大喜文化, 2017.02
面 ; 公分. --(喚起 ; 20)
ISBN 978-986-93623-1-3(平裝)
1.家庭佈置 2.生活指導
422.5 105017808

喚起20

開始整理，好事會發生：
改變周圍氣場的環境整理術

作　者	簡佳璽
編　輯	蔡昇峰
發行人	梁崇明
出版者	大喜文化有限公司
登記證	行政院新聞局局版台省業字第 244 號
P.O.BOX	中和市郵政第 2-193 號信箱
發行處	新北市中和區板南路 498 號 7 樓之 2
電　話	（02）2223-1391
傳　真	（02）2223-1077
劃撥帳號	53711606　大喜文化有限公司
E-mail	joy131499@gmail.com
銀行匯款	銀行代號：050，帳號：002-120-348-27 臺灣企銀，帳戶：大喜文化有限公司
劃撥帳號	5023-2915，帳戶：大喜文化有限公司
總經銷商	聯合發行股份有限公司
地　址	231 新北市新店區寶橋路 235 巷 6 弄 6 號 2 樓
電　話	（02）2917-8022
傳　真	（02）2915-7212
初　版	西元 2017 年 02 月
流通費	新台幣 260 元
網　址	www.facebook.com/joy131499

ISBN 978-986-93623-1-3